中国政法大学
环境资源法研究和服务中心
宣讲参考用书

生态环境保护
健康维权普法
丛书

Environment
Protection
and
Health

U0363371

光污染
与健康维权

▶ 王灿发　侯登华　主编 ◀

华中科技大学出版社
http://www.hustp.com
中国·武汉

图书在版编目（CIP）数据

光污染与健康维权 / 王灿发，侯登华主编. -- 武汉：华中科技大学出版社，2020.1
（生态环境保护健康维权普法丛书）

ISBN 978-7-5680-5695-3

Ⅰ.①光… Ⅱ.①王… ②侯… Ⅲ.①光污染－污染防治 ②光污染－环境保护法－研究－中国 Ⅳ.①X5 ②D922.683.4

中国版本图书馆CIP数据核字（2019）第216664号

光污染与健康维权
Guangwuran yu Jiankang Weiquan

王灿发　侯登华　主编

策划编辑：郭善珊
责任编辑：李　静
封面设计：贾　琳
责任校对：梁大钧
责任监印：徐　露
出版发行：华中科技大学出版社（中国·武汉）　　电话：（027）81321913
　　　　　武汉市东湖新技术开发区华工科技园　　邮编：430223
录　　排：北京欣怡文化有限公司
印　　刷：北京富泰印刷有限责任公司
开　　本：880mm×1230mm　1/32
印　　张：5.25
字　　数：147千字
版　　次：2020年1月第1版　2020年1月第1次印刷
定　　价：39.00元

撰稿人：侯登华 唐 克 田小雨 连 城 赵胜彪

序　言

随着我国人民群众的生活水平越来越高，每个人对自身的健康问题也越来越关注。除了通过体育锻炼增强体质和合理安全的饮食保持健康以外，近年来人们越来越关注环境质量对人体健康的影响，甚至有些人因为环境污染导致的健康损害而与排污者对簿公堂。然而，环境健康维权，无论是国内还是国外，都并非易事。著名的日本四大公害案件，公害受害者通过十多年的抗争，才得到赔偿，甚至直到现在还有人为被认定为公害受害者而抗争。

我国现在虽然有了一些环境侵权损害赔偿的立法规定，但由于没有专门的环境健康损害赔偿的专门立法，污染受害者在进行环境健康维权时仍然是困难重重。我们组织编写的这套环境健康维权丛书，从我国污染受害者的现实需要出发，除了向社会公众普及环境健康维权的基本知识外，还包括普及财产损害、生态损害赔偿的法律知识和方法、途径，甚至还包括环境刑事案件办理的知识。丛书的作者，除了有长期从事环境法律研究和民事侵权研究的法律专家外，还有一些环境科学和环境医学的专家。丛书的内容特别注意了基础性、科学性、实用性，是公众和专业律师进行环境健康维权的好帮手。

环境污染，除了可能会引起健康损害赔偿等民事责任，也可能承担行政责任，甚至是刑事责任。衷心希望当事人和相关主体采取"健康"的方式，即合法、理性的方法，维护相关权益。

　　虽然丛书的每位作者和出版社编辑都尽了自己的最大努力，力求把丛书打造成环境普法的精品，但囿于各位作者的水平和资料收集的局限性，其不足之处在所难免，敬请读者批评指正，以便再版时修改完善。

王灿发

2019 年 6 月 5 日于杭州东站

前　言

一、什么是光污染

光污染是指由于人为活动或自然原因，使过量的光辐射影响环境导致某些污染达到足够的时间，危害了人类及其他动物的舒适、健康和福利或环境的现象，包括可见光、红外线和紫外线造成的污染。

国际上一般将光污染分成三类，即白亮污染、人工白昼和彩光污染。

白亮污染是指白天阳光照射强烈时，通过物体的表面反射形成的光污染。如建筑物的玻璃幕墙、釉面砖墙、磨光大理石和各种涂料等反射光线都会引起白亮污染。

人工白昼是指夜幕降临后，通过人为的活动使照明灯、广告灯、霓虹灯等闪烁夺目，夜晚如同白天一样，即所谓人工白昼污染。

彩光污染是指各种彩色光源形成的光污染，如舞厅、夜总会、夜间娱乐场所的黑光灯、旋转灯、荧光灯等闪烁的彩色光源形成的光污染，其紫外线的强度远远超出太阳光中紫外线的强度。

二、光污染的危害

（一）影响人们生活。白天，特别是夏天，强烈的太阳光或太阳反射光，会影响人们的正常生活；晚上，人工白昼和彩光污染同样会干扰人们正常的生活休息。

（二）损害视力。长时间受强光刺激，会损害视力。光照越强，时间越长，对眼睛的刺激损害就越大。现实案例中，因建筑物的反射光造成司机突发性暂时失明和产生视力错觉，常导致交通事故发生。

（三）产生不利情绪甚至损害人的生理功能。光污染可能会引起头痛、疲劳、焦虑等不利情绪。不仅对人的心理有影响，甚至会损害人的生理功能。

（四）引发生态问题。光污染会影响动物的生活规律，昼夜不分使动物的活动能力、辨位能力、竞争能力、交流能力、心理状态受到影响。光污染还会伤害昆虫和鸟类，破坏夜间活动昆虫的正常繁殖过程。昆虫和鸟类有时被强光周围的高温烧死。

候鸟可能会因为光污染的影响而迷失方向，甚至死亡。刚孵化的海龟也可能因为光污染迷失方向，不能到达合适的生存环境而死亡。

光污染还会破坏植物的生物钟，损害植物的生长，导致其茎或叶变色，甚至枯死。

（五）浪费能源，污染环境。照明需要大量的电能，而火力发电又要消耗燃煤。因此，照明引起光污染，不仅耗电过多，而且消耗了大量能源，产生的废弃物还会对环境造成污染。

三、本书主要法律内容

（一）民商事内容

结合光污染纠纷民商事案例，介绍有关受害方如何维权、侵权人如何救济的法律法规，包括相关的实体法规定和程序法规定，同时介绍相关的法理知识。

（二）行政内容

结合光污染纠纷行政案例，介绍有关当事人如何维权、行政机关如何救济的法律法规，包括相关的实体法规定和程序法规定，同时介绍相关的法理知识。

（三）刑事内容

结合光污染纠纷的刑事案例，介绍有关受害方如何维权、嫌疑人及被告人如何救济的法律法规，包括相关的实体法规定和程序法规定，同时介绍相关的法理知识。

四、本书目的

本书从法律、健康的角度，介绍与光污染相关的法律和健康知识，希望人们知道光污染及其危害，了解光污染纠纷及维权涉及的法律知识，提高生态环境维权的法律意识，从而实现保护生态环境、保护健康、依法维权的目的。

这里的"健康维权"，有两层含义：

一是保护什么、用什么方式方法。不但要保护健康权、生命权、财产权，而且要依法保护，于法有据，要用"健康"的方式维权；

二是保护谁、维护谁的权。不仅仅要保护受害方的合法权益，也要维护侵权人、被告人、嫌疑人，甚至罪犯的合法权益。

目录

第一部分　民事篇

案例一 室外招牌灯过亮，隔壁店面受影响

一、引子和案例

（一）案例简介

本案例是由于火锅城招牌过亮影响了咖啡厅的正常工作而引起的纠纷。

原告 A 公司在西北某市某路段开办了"S 咖啡"饮品店，位于某大厦一层。被告 B 烤鸭店将其招牌设置在一楼，被告 C 火锅城的主要营业场所在二楼，在大厦二层设置有火锅城招牌。

被告 B 烤鸭店以及被告 C 火锅城在各自经营期间，为了使经营的店面更为醒目，在各自店面的门头水平线之上设置了灯箱字，并在字上加装了 LED 灯光。该 LED 发光字白天不打开，晚上打开后灯光强烈，十分醒目。因被告 B 烤鸭店和 C 火锅城门头水平线之上紧邻原告 A 公司经营的咖啡店玻璃外窗，因玻璃外窗比较大，且透光性好，当 LED 灯光字打开后，发光字直接导致原告店面靠外窗设置的咖啡卡座受到灯光污染。原告 A 由此提起诉讼，要求被告拆除发光字。法院前往现场勘查，勘查时天色渐暗，通过站在一楼楼下观察，以及前往二楼原告经营场所咖啡卡座位置观察，发现 B 烤鸭店与 C 火锅城设置在其门

头水平线之上的 LED 字体灯光直接照射进入原告 A 公司经营的咖啡卡座，光线照射强度很高。

（二）裁判结果

法院最后认定，本案被告 B 烤鸭店以及 C 火锅城在其承租的商铺外门头水平线之上设置的 LED 发光字，白天影响采光和观瞻，晚上打开开关，灯光照射强烈，直接照射进入原告 A 公司的经营场地，特别是对沿外窗设置的一排咖啡卡座影响十分严重。故原告要求被告 B 烤鸭店、C 火锅城拆除设置的 LED 发光字以排除妨碍，事实清楚，证据确实充分，法院予以支持。

与案例相关的问题

什么是光污染？

光污染是否是侵权行为？

什么是诉讼和起诉？

原告和被告的定义各是什么？

二、相关知识

问：什么是光污染？

答：通俗来讲，只要是"低效率""非必要"的人工光源对生态环境和人类生活产生危害时，都可称为"光污染"，这种"危害"也正是"污染"一词的题中之义。光污染除了不利于人体健康之外，还会对天文观星、自然生态等整体环境造成妨碍。

国际照明委员会（CIE）对"光污染"作出了如下定义："在特定场合下，散逸光的数量、散逸方向或光谱引起人烦躁、分心或视觉能力下降等情形。"在我国，光污染的定义则为"过量的光辐射（包括可见光、红外线和紫外线）对人类生活与生态环境所造成不良影响的现象"。

三、与案件相关的法律问题

问：光污染是否是侵权行为？

答：光污染行为确实是民事侵权行为，但它不只是会产生侵权法律关系，也会产生物权法律关系。"光污染"事件绝大多数是老百姓身边经常发生的一些街坊、邻居之间的生活纠纷，这些纠纷基于不动产的"相邻关系"，是不动产所有权纠纷的延伸，自然也应当是物权法上的问题。

问：什么是诉讼和起诉？

答：诉讼是指纠纷一方当事人通过向具有管辖权的人民法院起诉另一方当事人，请求人民法院解决争议的司法活动。而《中华人民共和国民事诉讼法》中所称的起诉，是指作为民事法律关系主体的当事人，认为自己的权利或依法受其管理、支配的民事权益受到侵害，或者与他人发生争议，以自己的名义请求法院通过审判给予保护的诉讼行为。

问：原告和被告的定义各是什么？

答：原告是指在民事诉讼中以自己的名义提起诉讼，请求法院保护其权益，因而使诉讼成立的人。例如某甲受到来自邻居某乙家的光污染而将其起诉到法院，则某甲为原告。

而被告是指在民事案件中侵犯原告利益，需要追究民事责任，并经法院通知应诉的人。例如某乙因为造成光污染而受到邻居某甲的起诉，则某乙为被告。

（二）法院裁判的理由

本案法院支持了原告的诉讼请求，原告是胜诉方。法院认为，原告与被告作为相邻双方，应当彼此给予便利，和谐相处，这其中就包括了要正确处理双方的光线环境，以达到在光线环境上，既能满足自己的需求，又不影响相邻一方，否则，一方在构成侵权后，就应当排除妨害并赔偿另一方的损失。本案被告在其承租的商铺外门头水平线之上设置 LED 发光字，白天影响采光和观瞻，晚上打开开关后灯光照射强烈，直接照射进入原告经营场地，特别对沿外窗设置的一排咖啡卡座影响非常严重，所以原告要求被告烤鸭店、火锅城拆除设置的 LED 发光字、排除妨害的诉讼请求，得到了法院的支持。

（三）法院裁判的法律依据

《中华人民共和国民法通则》

第八十三条　不动产的相邻各方，应当按照有利生产、方便生活、团结互助、公平合理的精神，正确处理截水、排水、通行、通风、采光等方面的相邻关系。给相邻方造成妨碍或者损失的，应当停止侵害，排除妨碍，赔偿损失。

《中华人民共和国民法总则》

第一百七十九条　承担民事责任的方式主要有：

（一）停止侵害；

（二）排除妨碍；

（三）消除危险；

（四）返还财产；

（五）恢复原状；

（六）修理、重作、更换；

（七）继续履行；

（八）赔偿损失；

（九）支付违约金；

（十）消除影响、恢复名誉；

（十一）赔礼道歉。

法律规定惩罚性赔偿的，依照其规定。

本条规定的承担民事责任的方式，可以单独适用，也可以合并适用。

（四）上述案例的启示

在本案中，原告受到光污染的侵害。根据《中华人民共和国民法通则》第一百三十四条规定，承担民事责任的方式有很多种，但是原告不能要求被告同时全部行使。在受到光污染侵害之后，受害人（原告）可以请求"排除妨碍"或"恢复原状"，二者均系独立的请求权。针对"光污染"之侵权，"排除妨碍"与"恢复原状"二者在诉讼目的与实际操作上并无差异，均为"过度光线照射"所造成的困扰，因此二者为法学理论上所称的"请求权的竞合"，当事人仅得择一行使。如果原告同时主张，最后也无法同时得到支持，法院只能支持一种。

案例二　玻璃幕墙太晃眼，反光侵扰无从管

一、引子和案例

（一）案例简介

本案例是玻璃幕墙反光太强，干扰了居民的正常生活而引起的纠纷。

原告 A 为我国东部某市 ×× 路 ×× 弄 ×× 号二层前楼和二层阁楼的公房租赁户。2004 年 2 月，被告 B 公司为开发"×××× 中信城"项目，获得了政府做出的同意 B 公司在"×××× 中信城"一期工程项目中采用玻璃幕墙的批复。

2005 年 10 月，被告 B 公司在取得《建设工程规划许可证》后，开始开发建设"×××× 中信城"。根据批准，B 公司在主楼外立面使用了玻璃幕墙，并在建筑的顶端四周安装了企业霓虹灯标识，于晚间定时开放和关闭。项目建成后，因白天玻璃幕墙反光和夜间霓虹灯光线散射问题，位于该"×××× 中信城"主楼西北方向的租赁户 A 向 B 公司提出交涉，无果后，遂将 B 公司诉至法院，请求法院判令 B 公司拆除安装在"×××× 中信城"广场主楼西北方向的玻璃幕墙和顶部的企业霓虹灯标识。

法院审理中，对于系争建筑物玻璃幕墙的光折射是否造成对原告A生活的妨碍，是否已经构成侵权一节，原告A、被告B公司无法提供有检测资质的机构所出具的检测。法院经联系发现，目前并无此类机构提供检测。

法院经审理认为，B公司在建造的主楼的外立面使用玻璃幕墙前，经过了环评和建设工程审批手续，是经过主管部门审批同意的，不存在B公司在未加审批的情况下而故意使用的情形，因此，本案工程使用玻璃幕墙，不属于禁止采用的范围。实际上，对于建筑物玻璃幕墙的使用范围本身就存在一个不断认识的过程，原告A仅以此认定B公司对自己构成侵权依据不足。

（二）裁判结果

据此，依照《中华人民共和国民法通则》第五条之规定，法院判决：对原告要求B公司拆除广场主楼西北方向的玻璃幕墙和安装在顶部的企业霓虹灯标识的诉讼请求，不予支持。

与案例相关的问题

光污染有什么危害？

光污染形成了怎样的法律关系？它的客体是什么？

光污染在《中华人民共和国侵权责任法》上的归责原则是什么？

什么是诉讼代理人？

诉讼代理人有哪些类型？

什么是共同诉讼？

什么是诉讼代表人？

二、相关知识

问：光污染有什么危害？

答："光污染"之中"天空辉光"是对自然界整体秩序的一种破坏。这种天空辉光不仅使得水生动植物与鸟类的迁徙活动受到严重的干扰，而且使我们人类失去了抬头仰望浩瀚星空的权利。

光污染中的"光侵扰"，主要是不必要的照明光线进入生活空间所造成的困扰。光侵扰会影响居民夜晚的入睡，长此以往会影响身体健康。

此外，由于路边照明灯具光线散射设计不合理、LED 广告牌的泛滥使用以及建筑物玻璃幕墙的大面积使用，短时间内，甚至是一瞬间的强光刺激会使得驾驶员视觉功能暂时性减退甚至完全丧失，最后酿成车祸惨剧。

三、与案件相关的法律问题

（一）学理知识

问：光污染形成了怎样的法律关系？它的客体是什么？

答：光污染行为可以形成物权法律关系或债权法律关系。前者见于光污染行为形成的相邻关系纠纷，后者则多见于因光污染形成的损害赔偿。

法律关系的客体是指民事权利和民事义务所共同指向的对象。物权法律关系的客体是物，债权法律关系的客体是给付行为，因此，光污染形成的法律关系的客体可以是物，也可以是给付行为。

问：光污染在《中华人民共和国侵权责任法》上的归责原则是什么？

答:"归责"是指依据某种事实状态确定责任的归属。而所谓归责原则,就是确定责任归属所必须依据的法律准则。根据成立侵权责任时,是否需要考虑行为人的"主观过错",可以将侵权责任的归责原则分为"过错责任"和"无过错责任"两种,根据《中华人民共和国侵权责任法》的规定,环境污染侵权责任,采取"无过错责任"的归责原则,"光污染"自然也包括在内。故光污染行为人只要有光污染行为,并且该行为和受害人损害间存在因果关系,侵权行为就足以成立。

问:什么是诉讼代理人?

答:原则上,诉讼案件的处理结果牵扯到当事人的实体权利,因此诉讼的进行应当由当事人自己参加。但由于年龄、精神状况或是缺乏相应的法律知识等原因,法律为当事人设置了诉讼代理人制度。所谓诉讼代理人是指以一方当事人的名义,在法律规定或当事人授予的权限范围内代理实施诉讼行为的人,简言之就是让别的人代替你打官司。

问:诉讼代理人有哪些类型?

答:诉讼代理人根据产生的基础不同,可以分为法定代理人和诉讼代理人。前者基于法律规定而产生,如父母是未成年子女的法定代理人,患有精神疾病的人其配偶是其法定代理人等;后者基于委托而产生,例如律师、法律援助工作者、其他公民,等等。

问:什么是共同诉讼?

答:所谓共同诉讼是指当事人一方或者双方为两人以上的诉讼。例如:两个以上的原告诉单一被告;一个原告诉两个以上的被告;两个以上的原告诉两个以上的被告,等等。在环境侵权中,往往因为影响范围广而时常出现共同诉讼的诉讼形态。

问:什么是诉讼代表人?

答:诉讼代表人是指为了方便多数当事人进行诉讼,由人数众多的一方当事人推选出来代表该方利益实施诉讼行为的人。在环境侵权的诉讼中，由于波及面广，时常出现多个受害人，甚至是人数不确定的受害人一方对环境污染行为人提起诉讼，这时为了提高司法效率，就要推选出数名诉讼代表人，代表全体当事人进行诉讼。

（二）法院裁判的理由

本案法院并未支持原告的诉讼请求，原告败诉。法院经审理认为，对于系争建筑物玻璃幕墙的光折射是否对原告 A 造成生活妨碍，也就是是否已经构成侵权一节，原告 A、被告 B 公司与主审法院均无法提供有检测资质的机构所做出的检测，因此无法判定是否符合侵权责任的构成要件。此外，B 公司在建造的主楼的外立面使用玻璃幕墙前，经过了环评和建设工程审批手续，不存在 B 公司在未加审批的情况下随意使用的情形，因此，本案中 B 公司在建筑物上使用玻璃幕墙并未被禁止。基于上述两点原因，法院最后驳回了原告的诉讼请求。

（三）法院裁判的法律依据

1.《最高人民法院关于适用〈中华人民共和国民事诉讼法〉的解释》

第九十条第一款　当事人对自己提出的诉讼请求所依据的事实或者反驳对方诉讼请求所依据的事实，应当提供证据加以证明，但法律另有规定的除外。

2.《最高人民法院关于民事诉讼证据的若干规定》

第二十五条　当事人申请鉴定，应当在举证期限内提出。符合本规定第二十七条规定的情形，当事人申请重新鉴定的除外。

对需要鉴定的事项负有举证责任的当事人，在人民法院指定的期限内无正当理由不提出鉴定申请或者不预交鉴定费用或者拒不提供相关材料，致使对案件争议的事实无法通过鉴定结论予以认定的，应当对该事实承担举证不能的法律后果。

（四）上述案例的启示

本案关键在于原告 A 需举证 B 公司使用玻璃幕墙确实给自己带来了损害，且损害与 B 公司的行为存在因果关系。但原告 A 目前所提供的证据无法证明此点。B 公司曾委托相关机构对采用的玻璃幕墙进行可行性技术论证，提出合理采用玻璃幕墙并不构成对住户的侵害。目前在没有相关机构能够就系争玻璃幕墙是否构成妨碍进行检测的情况下，要求 B 公司拆除 "××××中信城" 广场主楼西北方向的玻璃幕墙，缺乏相应的事实和法律依据。至于 B 公司在建筑物的顶部安装霓虹灯企业标识，在晚间开启后影响原告 A 正常生活一节，也无证据加以印证。因此，受害方如果能聘请有资质的、权威的鉴定机构对光污染的存在与否和严重程度进行鉴定，就可以在法庭上赢得主动权，这就直接反映了环境损害司法鉴定对于法庭举证和胜诉的积极意义。

案例三　夜间拍戏灯太亮，村民起诉要赔偿

一、引子和案例

（一）案例简介

这个案例是因为影视拍摄灯光太强引起的。

原告系某县某镇某村 7 组村民。2013 年该村股份经济合作社与 A 集团签订房屋租赁协议，约定将位于该村的一个厂房及其场地租赁给 A 集团使用。2015 年 A 集团与 B 公司签订房屋租赁协议，将该厂房及场地租赁给 B 公司作为影视拍摄场景。同年有村民报警称，2015 年以来，影视基地拍夜戏，因灯光过亮，时间过长，打枪、放炮声音等影响周边农户的休息，强光持续带照射到晚上十点以后而影响附近居民休息，经多次协调均未果，遂起诉至法院。

法院审理发现原告村民住所距离影视基地很近。根据《中华人民共和国侵权责任法》等法律规定，因污染环境造成损害的，污染者应当承担侵权责任。影视剧组在拍戏的过程当中出现了扰民的行为，理应事先在避免产生环境污染方面采取一定的作为义务却不作为，造成拍夜戏时对原告厂房、宿舍内形成噪声污染和光污染，具有过错。换言之，被告对可能产生的环境污染应当采取措施而未采取措施予以防

治，故该被告应对损害承担相应责任，因此，原告请求停止侵权行为，法院予以肯定。但对于原告认为晚上应当从六点开始不得实施环境污染侵权行为，根据《中华人民共和国环境噪声污染防治法》第六十三条之规定，"夜间"是指晚二十二点至晨六点之间的期间，原告请求停止侵权行为，法院予以肯定，原告提供的证据不能证明噪声、强光污染对其精神损害已造成严重后果，原告对此应承担举证不能的法律后果，故对其诉求法院不予支持。

（二）裁判结果

与案例相关的问题

光污染民事侵权可以依据哪些法律请求赔偿？

受害人能够得到哪些补偿？

光污染行为发生后，当事人需向哪个法院提起诉讼？

什么是民事诉讼的法院管辖？

管辖权由谁来决定？

原告不同的诉讼请求是否会影响法院管辖？

什么是诉讼第三人？

光污染侵权与一般侵权行为有什么差别？

光污染只能发生在不动产之间吗？

二、相关知识

问：光污染民事侵权可以依据哪些法律请求赔偿？

答：我国目前在《中华人民共和国民法通则》《中华人民共和国民法总则》和《中华人民共和国侵权责任法》中规定有环境污染侵权损害赔偿责任。例如《中华人民共和国民法通则》第一百二十四条之规定："违反国家保护环境防止污染的规定，污染环境造成他人损害的，应当依法承担民事责任。"又例如《中华人民共和国侵权责任法》第八章第六十五条之规定："因污染环境造成损害的，污染者应当承担侵权责任。"这些都可以成为请求环境污染侵权人承担民事赔偿责任的法律依据。

三、与案件相关的法律问题

（一）学理知识

问：受害人能够得到哪些补偿？

答：我国民事补偿以"完全补偿"为原则，也就是被告应当完全填补原告所能举证的，并且有法律支持的一切损害后果。换言之，原告受到的损害有多大，能够得到的赔偿上限就有多高。例如某甲受到邻居某乙的光污染侵害，彻夜不眠而身体健康受损，某甲若能举证证明，则可以得到医疗费、营养费等相关费用。若其出租的房子因为受到光污染而租金下降甚至无法出租，就会产生租金方面的损失，亦能请求赔偿之。

问：光污染行为发生后，当事人需向哪个法院提起诉讼？

答：民事诉讼管辖分为"横向的"地域管辖和"纵向的"级别管辖两个方面。先来探讨级别管辖的问题，也就是"光污染"的受害人需向哪一级人民法院提起诉讼。根据《中华人民共和国民事诉讼法》的规定，一审普遍都应当由基层人民法院进行管辖。地域管辖的问题则更为复杂，是受害人得向哪里的法院提起诉讼。在光污染诉讼中，可以根据受害人提出的诉讼请求的不同，而使得地域管辖发生变化。一方面，"光污染"行为是典型的侵权行为，如果受害人请求人民法院判决"光污染"行为人"赔偿损失"并"停止侵害"，受害人可以向"被告住所地""被告经常居住地""侵权行为实施地"和"侵权结果发生地"的人民法院提起诉讼。另一方面，基于"相邻关系"的光污染所引发的纠纷亦可以是一种"物权纠纷"，应当由"光污染"受害人不动产所在地的人民法院进行专属管辖。

问：什么是民事诉讼的法院管辖？

答：所谓民事诉讼的法院管辖，就是确定具体由哪一个人民法院进行案件受理的活动。确定法院管辖需要同时确定级别管辖（哪一级人民法院管辖）和地域管辖（哪里的人民法院管辖）二者。如何进行确定，则直接依照《中华人民共和国民事诉讼法》及相关司法解释进行。

问：管辖权由谁来决定？

答：从逻辑上讲，原告是发起民事诉讼的人，也应该由其选择起诉的法院。但对于同一个案件，由于判断标准不同，可能同时有多个人民法院具有管辖权，而原告所选择起诉的法院也未必完全正确，再加之被告可以对原告提出的管辖权异议，法院可以自行进行管辖权转移，可以看出民事诉讼的管辖是以原告方主导，由原被告及法院三方共同决定的。

问：原告不同的诉讼请求是否会影响法院管辖？

答：当事人提出的不同诉讼请求背后，蕴含着不同的法律关系，而不同的法律关系也代表着不同的诉讼标的。如果受害人请求人民法院判决"光污染"行为人"赔偿损失"并"停止侵害"，则是依据侵权行为这种"法定之债"提起的诉讼，该案件的诉讼标的则应为因"光污染"侵权行为所生的"债之法律关系"。若"光污染"受害人向法院提起"排除'光污染'对相邻权之妨害"或"消除可能妨害相邻权的'光污染'之危险"的物上请求权之诉，则该案件的诉讼标的则应为因"光污染"或"有光污染之虞"所生的"物权法律关系"，二者在《民

16

事诉讼法》及《最高人民法院关于适用〈中华人民共和国民事诉讼法〉的解释》上关于管辖的规定完全不同，很有区分的必要和价值。

问：什么是诉讼第三人？

答：现代民事诉讼法制度除了原被告双方之外，另外增设"第三人"制度。所谓民事诉讼中的第三人是指原被告之外的某人对于原被告之间争议的标的认为具有独立的请求权，或者虽然没有请求权，但案件的处理结果与其具有法律上的利害关系。例如A认为B、C之间发生所有权争议的汽车应当归属自己而加入诉讼，则A为第三人。

问：光污染侵权与一般侵权行为有何差别？

答：侵权行为在学理上，可以根据立法有无单独的直接规定，分为一般侵权行为和特殊（具体）侵权行为。"光污染"这种新型的污染形式目前尚缺乏明确的法律规定进行预防、调整和规制；因此，正如上述案例中法院最后在适用法律时，对光污染行为在夜间的限制时段，只能适用噪声污染防治的相关法规。而所谓"环境污染"，系指因人为活动所致的，对环境法上所规范的"环境"造成有害之影响和作用的一种现象和状态。对于光污染而言，其本质上仍然是一种环境污染。因此，"光污染侵权"行为作为《中华人民共和国侵权责任法》之中规定的"特殊侵权行为"，其在主体上需要为"环境污染者"，客体为"公民的环境权"，这些均与一般侵权行为存在巨大的差别。

问：光污染只能发生在不动产之间吗？

答：光污染形成的原因，简言之是人工光源的不合理使用，既可以源自夜间亮度过大的LED灯箱、路灯，也可以源自白天发光的玻璃幕墙。无论是哪种，均是由一个不动产发出光污染的行为，由另一个不动产受有光污染的损害，因此，只有不动产之间方存在"光污染"的可能性。

此外，根据《中华人民共和国物权法》的规定，"相邻关系"只能发生在不动产之间。鉴于目前光污染法律规范的缺乏，法院在审理相关案件时，通常适用"相邻关系"进行解决。

（二）法院裁判的理由

本案中，法院部分支持了原告的诉讼请求。法院审理认为，因污染环境造成损害的，污染者应当承担侵权责任。涉案的影视基地系被告 B 公司建设的，也由 B 公司负责对外经营管理。其中该被告通过租赁拍摄场景等方式招揽影视剧组来影视基地拍戏，该行为系该被告的经营方式之一，其招揽的影视剧组在拍戏的过程当中出现了扰民的行为，该被告理应事先与剧组针对避免产生环境污染方面采取一定的作为义务，却不作为造成剧组拍夜戏时造成原告厂房、宿舍内噪声污染和光污染，具有过错。该被告作为该影视基地的经营管理者，对可能产生的环境污染应当采取措施而未采取措施予以防治，故该被告应对损害承担相应责任。至于光污染，因目前尚无可依照的规范，故法院只能参照噪声污染有关规范来确定，即被告 B 公司在此期间（晚二十二点至晨六点之间）不得实施光污染。原告认为被告方应赔偿其精神损害抚慰金，对此其提供的证据不能证明噪声、强光污染对其精神损害已造成严重后果，对此应承担举证不能的法律后果，因此法院没有支持他们的诉讼请求。

（三）法院裁判的法律依据

《中华人民共和国侵权责任法》

第六十五条　因污染环境造成损害的，污染者应当承担侵权责任。

《中华人民共和国民事诉讼法》

第一百四十二条　法庭辩论终结，应当依法作出判决。判决前能够调解的，还可以进行调解，调解不成的，应当及时判决。

（四）上述案例的启示

本案中，法院在裁判光污染诉讼请求的部分时，因为没有光污染的相关法律以供适用，因此参照了噪声污染的有关规范。这种参照适用的现象时有发生，主要是法官在面对法律法规没有规定的情况时，受到"法官不得因为没有相关法律规定而拒绝裁判"这一个司法原则的约束，从而行使自由裁量权的结果。因此，光污染纠纷双方在面对法律并无规定的情况下，可以适当参考类似的污染形式（例如，噪声污染与光污染之间具有高度相似性）所涉及的相关法律来为自己寻找理由。

案例四　俱乐部灯光强，诉至法院难赔偿

一、引子和案例

（一）案例简介

这个案例是因为广告牌灯光太强引起的。

本案被告曾某于 2014 年在 ×× 县 ×× 镇 ×× 路 ×× 号注册成立了一个个体工商户，即 ×× 县猎隼俱乐部。2015 年，被告以"×× 是猎隼俱乐部"为申请单位，向 ×× 县市政园林管理局申请在东西两侧房屋楼上设立户外广告。×× 县市政园林管理局于 2015 年 1 月 28 日根据《×× 市户外招牌管理办法》第十一条第（二）款的规定，同意申请人设立广告，设置时间为一年。

2015 年 10 月，原告颜某将其拥有的房屋中的 A-1 号租赁给黄某，黄某在该房屋内经营一家瑜伽馆；颜某将其拥有的房屋中的 A-3 号租赁给李某，李某在该房屋内设立了 ×× 城投担保有限公司 ×× 分公司；颜某将其拥有的房屋中的 A-5 号租赁给王某，王某在该房屋内经营了一家 ×× 县骄阳兰多产后恢复中心。

现原告颜某诉至法院，以被告设置的广告牌晚上的灯光太强，影响上述三家租赁户的生意，要求判令被告拆除位于原告颜某房屋外墙

面的广告牌，并恢复该外墙原状；判令被告××县猎隼俱乐部赔偿原告颜某因侵权导致的经济损失2万元。在本案的审理过程中，法院到本案涉诉的A-1、A-3、A-5号房屋进行了现场勘查，原告颜某及被告××县猎隼俱乐部的工作人员彭某在场。经现场勘查发现，被告××县猎隼俱乐部设置的广告牌的灯光对原告A-1、A-3、A-5号房屋内部并无明显的妨碍，不构成光污染，故原告颜某诉称的不利影响的事实难以成立。另外，被告安装广告灯箱的行为得到了××县市政园林管理局的许可，并不属于私自安装的违法行为。

（二）裁判结果

对于原告颜某要求被告××县猎隼俱乐部拆除广告招牌、恢复外墙原状并赔偿经济损失的诉讼请求，法院不予支持。

（三）与案例相关的问题

如果光污染行为人造成轻微损害，可否适用小额诉讼程序进行审理？

光污染在《中华人民共和国侵权责任法》上的构成要件有哪些？

光污染案件能否被提起公益诉讼？

能够提起光污染公益诉讼的有权主体有哪些？

怎样确定光污染民事公益诉讼的法院管辖？

光污染民事案件应当适用怎样的审判程序进行审理？

我国的审级制度是怎样的？

什么叫管辖权异议？谁来提出管辖权异议？

民事诉讼的管辖是法定的吗？当事人之间是否有合意选择管辖法院的机会？

除了诉讼，受害人还有那些救济途径？

二、相关知识

问：如果光污染行为人造成轻微损害，可否适用小额诉讼程序进行审理？

答：在目前我国民事诉讼法框架下，尚不存在"环境污染"可以适用"小额诉讼"程序的余地。根据《最高人民法院关于适用〈中华人民共和国民事诉讼法〉的解释》第二百七十五条第四项的规定，需要进行"评估、鉴定"的案件不适用小额诉讼程序。在目前我国多数的光污染民事诉讼中，当事人仅在起诉时声称被告对其居所造成了光污染，但无法证明损害的真正存在和实际大小，盖因没有权威的司法鉴定而最终无法求偿。因此，目前我国光污染诉讼暂时不能适用小额诉讼程序进行审理。

三、与案件相关的法律问题

（一）学理知识

问：光污染在《中华人民共和国侵权责任法》上的构成要件有哪些？

答：一般而言，构成侵权行为的要件要素包括客观和主观两个部分。客观上包括具有不法性的行为、损害结果和行为与损害之间的因果关系；主观上则是行为人的过错，包括其主观上的"故意"和"过失"。但这是对一般侵权行为而言的，不同的具体侵权行为盖因法律的不同规定而有所不同，同时，不同的国家也对此采取不同的认定标准。

依照《中华人民共和国侵权责任法》第六十五、六十六条之规定，对于"光污染"的构成要件而言，主要包括："光污染"的不法行为、"光污染"受害人的损害、行为与损害间的因果关系。盖因"环境污染侵权"归责原则系属"无过错责任",因此在考虑"光污染"责任的构成时,无需考虑行为人的主观过错,即故意和过失。但在进行具体的责任承担时,仍然需要考虑行为人的主观过错,盖因当事人责任承担的大小与之息息相关。

问:光污染案件能否被提起公益诉讼?

答:我国 2015 年出台的《最高人民法院关于适用〈中华人民共和国民事诉讼法〉的解释》肯定了环保法上的"公益诉讼"制度并加以规制,随后又出台了《最高人民法院关于审理环境民事公益诉讼案件适用法律若干问题的解释》,更加明确、细化了环境民事公益诉讼中的相关制度环节。由此可见,对于环境污染已经侵害了社会的公共利益,而不仅限于某些特定主体的私利益时,有权主体即可以提起公益诉讼。依笔者在前述案例中的分析和观点,"光污染"作为一种新型的污染形式,自然亦存在提起公益诉讼的余地。

问:能够提起光污染公益诉讼的有权主体有哪些?

答:根据《中华人民共和国环境保护法》第五十八条的规定,一般社会组织需要符合两个条件才能成为"有权主体":依法在设区的市级以上人民政府民政部门登记;专门从事环境保护公益活动连续五年以上且无违法记录。同时根据《最高人民法院关于审理环境民事公益诉讼案件适用法律若干问题的解释》第二至第五条的规定,具体言之,有权提起环境污染公益诉讼的社会组织,其形态主要包括(但不限于)民间社会团体、民办非企业单位以及基金会等。这些社会组织只要符合《中华人民共和国环境保护法》第五十八条、《最高人民法院关于审理环境民事公益诉讼案件适用法律若干问题的解释》第二至第五条和《最高人民法院关于适用〈中华人民共和国民事诉讼法〉的解释》第二百八十四条之规定,就可以以适格主体的身份对侵害社会公共利益的大面积"光污染"侵害提起公益诉讼。

问：怎样确定光污染民事公益诉讼的法院管辖？

答：在民事诉讼中，往往依据法律所保护的法益不同，而在级别和地域管辖上做出区别对待。环境污染的公益诉讼因为涉及公共利益的受损，与一般的普通光污染侵权民事案件的管辖，势必存在很大的差别。根据《最高人民法院关于适用〈中华人民共和国民事诉讼法〉的解释》第二百八十五条第一款前段的规定，只要"光污染"的严重程度达到了足以提起公益诉讼的标准，提起公益诉讼的有权组织亦能提出社会公共利益业已受到损害的初步证据，便有该条在"级别管辖"上之适用。此外，在"地域管辖"上，《最高人民法院关于审理环境民事公益诉讼案件适用法律若干问题的解释》做出了《最高人民法院关于适用〈中华人民共和国民事诉讼法〉的解释》第二百八十五第一款后段所称的"法律、司法解释另有规定"，因此，依据《最高人民法院关于审理环境民事公益诉讼案件适用法律若干问题的解释》第六条的规定，光污染民事公益诉讼由污染环境、破坏生态行为发生地、损害结果地或者被告住所地的人民法院管辖。然盖因二者在级别管辖上的规定上并无不同，均要求在中级以上人民法院管辖，并无区分之必要。

问：光污染民事案件应当适用怎样的审判程序进行审理？

答：在我国，民事诉讼程序可以分为两大类：普通程序和简易程序。简易程序又可以细分为一般的简易程序和小额诉讼程序两类。根据《中华人民共和国民事诉讼法》第一百五十七条、《最高人民法院关于适用〈中华人民共和国民事诉讼法〉的解释》二百五十七条第二项和第四项之规定，法定简易程序适用的要件有四：

（一）案件须是第一审，且并非二审发回重审或按第一审程序进行的再审案件；

（二）审理法院为基层人民法院及其派出法庭；

（三）案件具有简易性；

（四）须不具有其他法定的不适用事由。

如果案件本身不具有"简易性"，即缺乏上述的"（三）"要件，但当事人之间有约定适用简易程序的情形，亦足以使简易程序得以适用。

因此，少数受害人单独提起的"光污染"诉讼，既可以按照普通程序，由共计为单数的审判员和陪审员组成合议庭进行审理，又可以按照简易程序，由审判员独任审理，且当事人在两种程序的选择上，有相当大的自主权。

问：我国的审级制度是怎样的？

答：我国的审级制度实行四级两审制。所谓"四级"是指我国的法院系统包括四个层级：区县的基层人民法院；市级的中级人民法院；省、自治区、直辖市一级的高级人民法院和中央级的最高人民法院。所谓"两审"是指我国实行两审终审制，一个案件经过一次上诉之后得到的就是终审判决，不得再次上诉。

问：什么叫管辖权异议？谁来提出管辖权异议？

答：所谓管辖权异议是指当事人向受诉法院提出的，该院对案件无管辖权的主张。在原告选择管辖法院后，自己认为有误，或者被告、第三人认为不恰当，可以向法院提出管辖权异议，请求变更管辖法院。管辖权异议的提出人是案件的当事人，既包括原告，又包括被告，甚至包括对原被告争议的标的具有独立请求权的第三人。

问：民事诉讼的管辖是法定的吗？当事人之间是否有合意选择管辖法院的机会？

答：我国民事诉讼的管辖以法定为主，当事人合意选择为辅，是法律强行规定与当事人自主选择的结合。例如，级别管辖、专属管辖等直接由法律强行规定，十分严格，不能约定变更管辖法院。而当事人之间的财产权益纠纷，依据《中华人民共和国民事诉讼法》的规定，可以在一定的范围内合意选择管辖法院。

问：除了诉讼，受害人还有那些救济途径？

答：诉讼只是解决纠纷的手段之一，而且并不是最好的手段。我国除了诉讼之外，还可以选择自行和解、在人民调解委员会进行调解、仲裁等多种手段和机制进行解决。

（二）法院裁判的理由

本案法院并没有支持原告的诉讼请求。法院认为，本案争议焦点为被告××县猎隼俱乐部利用××县××百货18层露台的外墙面与17层 A-1、A-3、A-5 号房屋专有部分对应的部分外墙面搭设广告招牌的行为，是否构成对原告颜某的侵权。原告颜某诉称本案涉诉的广告招牌的灯光对 17 层 A-1、A-3、A-5 号房屋的租户造成了不利影响，但经法院实地勘查，涉诉广告招牌的灯光对 17 层 A-1、A-3、A-5 号房屋内部的影响并不明显，不构成灯光污染，故原告颜某诉称的不利影响的事实难以成立。

（三）法院裁判的法律依据

《中华人民共和国环境保护法》

第五十八条第一款　对污染环境、破坏生态，损害社会公共利益的行为，符合下列条件的社会组织可以向人民法院提起诉讼：

（一）依法在设区的市级以上人民政府民政部门登记；

（二）专门从事环境保护公益活动连续五年以上且无违法记录。"

《中华人民共和国民事诉讼法》

第五十五条　对污染环境、侵害众多消费者合法权益等损害社会公共利益的行为，法律规定的机关和有关组织可以向人民法院提起诉讼。

人民检察院在履行职责中发现破坏生态环境和资源保护、食品药品安全领域侵害众多消费者合法权益等损害社会公共利益的行为，在没有前款规定的机关和组织或者前款规定的机关和组织不提起诉讼的情况下，可以向人民法院提起诉讼。前款规定的机关或者组织提起诉讼的，人民检察院可以支持起诉。

第一百五十七条　基层人民法院和它派出的法庭审理事实清楚、权利义务关系明确、争议不大的简单的民事案件，适用本章规定。

基层人民法院和它派出的法庭审理前款规定以外的民事案件，当事人双方也可以约定适用简易程序。

《最高人民法院关于适用〈中华人民共和国民事诉讼法〉的解释》

第二百五十六条　民事诉讼法第一百五十七条规定的简单民事案件中的事实清楚，是指当事人对争议的事实陈述基本一致，并能提供相应的证据，无须人民法院调查收集证据即可查明事实；权利义务关系明确是指能明确区分谁是责任的承担者，谁是权利的享有者；争议不大是指当事人对案件的是非、责任承担以及诉讼标的争执无原则分歧。

第二百七十五条第（四）项　下列案件，不适用小额诉讼程序审理：

（四）需要评估、鉴定或者对诉前评估、鉴定结果有异议的纠纷。

《最高人民法院关于审理环境民事公益诉讼案件适用法律若干问题的解释》

第二条　依照法律、法规的规定，在设区的市级以上人民政府民政部门登记的社会团体、民办非企业单位以及基金会等，可以认定为环境保护法第五十八条规定的社会组织。

第三条　设区的市，自治州、盟、地区，不设区的地级市，直辖市的区以上人民政府民政部门，可以认定为环境保护法第五十八条规定的"设区的市级以上人民政府民政部门"。

第四条　社会组织章程确定的宗旨和主要业务范围是维护社会公共利益，且从事环境保护公益活动的，可以认定为环境保护法第五十八条规定的"专门从事环境保护公益活动"。

社会组织提起的诉讼所涉及的社会公共利益，应与其宗旨和业务范围具有关联性。

第五条　社会组织在提起诉讼前五年内未因从事业务活动违反法律、法规的规定受过行政、刑事处罚的，可以认定为环境保护法第五十八条规定的"无违法记录"。

第六条　第一审环境民事公益诉讼案件由污染环境、破坏生态行为发生地、损害结果地或者被告住所地的中级以上人民法院管辖。

（四）上述案例的启示

判断光污染的严重程度，需要有一个科学的标准，目前国际通行的衡量标准就是"照度"。照度（Illuminance）是指每单位面积所接收到的光通量，换言之，是指物体或被照面上被光源照射所呈现的光亮程度。照度的单位是勒克斯（lx=lux）或辐透（ph=phot），1 勒克斯 =1 流明 / 平方米，1 辐透 =1 流明 / 平方厘米，1 勒克斯 =0.0001 辐透。

一般来讲，居家的一般照度建议在 300 ～ 500 勒克斯之间比较合适，照度过高极易发生眼疲劳和其他疾病。

环境	照度（lux）
烈日	100,000
阴天	8,000
阅读	500
办公室 / 教室	300
路灯	5
满月	0.2
星光	0.0003

案例五　原告拒缴鉴定费，诉讼主张难实现

一、引子和案例

（一）案例简介

该案是因为玻璃幕墙反光引起的。

谯某于 2010 年 8 月购买并居住在位于 ×× 区 ×× 西路的房屋。2012 年 9 月，被告 ×× 公司开发建设了位于 ×× 市 ×× 区 ×× 街东侧的楼宇。原告认为被告所开发建设的新建建筑物的玻璃幕墙存在有害反光。2015 年 8 月，在法院释明下原告提出鉴定申请，要求对所居住的房屋的日照情况、损失进行鉴定，但对通风、噪声影响以及玻璃幕墙光污染部分并未提出申请。法院受理后，通过 ×× 市中级人民法院委托中国建筑 ×× 设计研究院有限公司对原告申请事项进行鉴定。2015 年 9 月，中国建筑 ×× 设计研究院有限公司向法院发送司法鉴定委托退还通知书，写明因鉴定部门通知当事人缴纳鉴定费，但当事人至今没有缴纳，该公司决定中止该鉴定，退还委托。法院就该通知书向当事人进行了询问，原告表示鉴定费数额过高不能缴纳，并认为被告开发商方面曾在政府及多名业主面前口头承诺，只要业主通过诉讼方式解决挡光问题，鉴定费由开发商负担。

法院认为，本案为相邻权侵权纠纷。原告在诉讼中主张被告建设的相邻建筑物存在侵权，给原告的采光和日照造成影响，带来通风和噪声上的损害，以及该建筑物上的玻璃幕墙反光也构成光污染。根据法律规定，当事人对自己提出的主张，有责任提供证据。现原告所提供的证据并不足以证明侵权事实成立，原告所申请的司法鉴定又因鉴定费过高而拒绝垫付，导致鉴定机关退回申请。当事人对案件争议的事实无法通过鉴定结论予以认定的，应当对该事实承担举证不能的法律后果。

（二）裁判结果

关于玻璃幕墙光污染损失及通风、噪声损失，原告现有证据不能证明上述侵权事实成立，亦未对此提出鉴定申请，其请求中的损失数额均为自行估算，并无事实及法律依据，法院不予支持。

与案例相关的问题

光污染诉讼中的举证责任如何分配？

什么叫作民事诉讼中的证据？

民事诉讼中的证据需要满足什么条件？

民事诉讼中的证据有哪些类型？

什么叫作直接证据？什么叫作间接证据？

什么是民事诉讼法中所谓的"证据能力"？

在光污染诉讼中，当事人怎样出示证据较为稳妥？

光污染案件发生后，受害人可以得到哪些方面的法律救济？

二、相关知识

问：光污染诉讼中的举证责任如何分配？

答：举证责任是指民事案件当事人对自己提出的主张有收集或提供证据的义务，该义务之不（完全）履行，将会产生诉讼法上的败诉风险。我们可以用一个直观的表格来观察在"光污染"侵权诉讼中，双方当事人所负担的"举证责任"。

	原告担负举证责任	被告担负举证责任
"光污染"侵权行为	√	
过错性	×	×
因果关系		√
损害	√	

三、与案件相关的法律问题

（一）学理知识

问：什么叫作民事诉讼中的证据？

答：民事诉讼中的证据是指能够证明民事案件真实情况的各种事实，是法院认定有争议的案件事实的根据。在诉讼中，当事人主张的一切事实在经过证据证明之前，均处于真伪不明的状态，因此只有通过证据进行证明才能使自己的主张得到法院的认可，也就是要"用证据说话"。

问：民事诉讼中的证据需要满足什么条件？

答：需要满足客观性、关联性和合法性三个要件。首先，证据应当表现为脱离于当事人主观意识而独立存在的客观材料；其次，证据应当与当事人提出的待证事实之间具有关联；最后，证据的来源和形式必须符合法律的规定。三者缺一不可。

问：民事诉讼中的证据有哪些类型？

答：根据《中华人民共和国民事诉讼法》的规定，民事诉讼中的证据包括当事人的陈述、书证、物证、视听资料、电子数据、证人证言、鉴定意见 / 勘验笔录八种形式。

问：什么叫作直接证据？什么叫作间接证据？

答：能够单独、直接证明待证事实（当事人主张）的证据被称为直接证据。直接证据与案件主要事实的证明关系是直截了当的。间接证据，就是指不能直接证明案件的事实，但能和其他证据联系起来，共同证明和确定案件事实的证据。例如，对于光污染的严重程度而言，关于室外侵入室内的光线照度鉴定结论即为直接证据。

问：什么是民事诉讼法中所谓的"证据能力"？

答：在英美法系国家里，"证据能力"又被称为"证据的可采性"，顾名思义，是指一定的事实材料能够被法院采信，作为认定案件事实依据的法律上的资格。并不是一切事实材料都可以作为证据，也并不是所有证据都会被法院所采信，当事人只有在法院提出具有"可采性"（具有证据能力）的证据，才对自己的"胜诉"产生加分的效果，反之，不讲策略一味乱提证据，以多代精，只会让自己在诉讼中处于被动、不利的地位，乃至最后吞下败诉的苦果。

问：在光污染诉讼中，当事人怎样出示证据较为稳妥？

答：切记要多收集"证据力较高"的证据。根据《中华人民共和国民事诉讼法》第六十九条的规定，经过法定程序公证证明的公证证据具有最高的证据力，人民法院对于这样的证据，在没有相反的公证证据推翻它时，是必须要予以认可的，因此，当事人在收集证据材料时，可以进行公证的，最好进行公证，以获得最高的证据力。

此外，根据《中华人民共和国民事诉讼法》七十条的规定，对于物证和书证而言，原物和原件的证据力要高于其复制品、照片、节录本等其他形式的证据力，因此，在条件允许的情况下，要尽量提供原件和原物给法庭。另外，对于人证这种证据而言，应当善加利用。原则上来讲，证人必须出庭作证，如果确因不可抗力、身体健康等特殊原因无法出庭作证的，可以经过人民法院的准许，通过视听传输技术（各种即时通信软件）来进行作证。如果不具备这种条件，也可以通过书面证言、录音录像等视听资料的方式作证，但证人出庭所当场作出的证人证言的证据力要高于其提供的书证和视听资料的证据力。

问：光污染案件发生后，受害人可以得到哪些方面的法律救济？

答：受害人所提出的诉讼请求，或者说是主张的诉讼标的不同，法院在裁判时，对当事人的权利救济方式也大相径庭。《中华人民共和国民法通则》规定了十种权利救济方式，与我们所探讨的"光污染"有关联的救济方式包括"停止侵害""赔偿损失""排除妨碍""恢复原状"和"消除危险"五种方式，在这五种责任承担方式中，"停止侵害"和"赔偿损失"是《中华人民共和国侵权责任法》上的责任承担方式，而"排除妨碍""恢复原状"和"消除危险"则是《中华人民共和国物权法》上的责任承担方式，二者亦可以同时主张。法院最终如何保护当事人的权益，有赖于受害人在起诉时的诉讼请求和主张的诉讼标的。

（二）法院裁判的理由

本案法院认为，原告提供的照片及自绘的挡光效果图，意在证明其住宅因被告新建建筑导致采光、日照不足，新建建筑系玻璃幕墙墙体，造成严重的光污染。法院审查后认为，原告所提供的照片只反映某一时间点的房屋日照情况，房屋效果图亦为其自己绘制，并无科学依据，不能有效证明被告建筑对其住宅的影响符合法律、法规所规定的情形，也没有构成光污染的依据。因此，原告所提供的证据并不足以证明侵权事实成立，原告所申请的司法鉴定又因其认为鉴定费过高而拒绝垫付，导致鉴定机关退回申请。当事人对案件争议的事实无法通过鉴定结论予以认定的，应当对该事实承担举证不能的法律后果。此外，关于玻璃幕墙光污染损失及通风、噪声损失，原告现有证据不能证明上述侵权事实成立，亦未对此提出鉴定申请，其请求中的损失数额均为自行估算，并无事实及法律依据。综上所述，法院不支持原告的诉讼请求。

（三）法院裁判的法律依据

《中华人民共和国民事诉讼法》

第六十四条第一款　当事人对自己提出的主张，有责任提供证据。

第七十条第一款　书证应当提交原件。物证应当提交原物。提交原件或者原物确有困难的，可以提交复制品、照片、副本、节录本。

《最高人民法院关于民事诉讼证据的若干规定》

第二十五条　当事人申请鉴定，应当在举证期限内提出。符合本规定第二十七条规定的情形，当事人申请重新鉴定的除外。

对需要鉴定的事项负有举证责任的当事人，在人民法院指定的期限内无正当理由不提出鉴定申请或者不预交鉴定费用或者拒不提供相关材料，致使对案件争议的事实无法通过鉴定结论予以认定的，应当对该事实承担举证不能的法律后果。

（四）上述案例的启示

司法鉴定对于包括光污染在内的各种环境污染的认定，意义重大。环境污染侵权有其特殊性，所造成的损害普遍不具有直接性，对公民"环境权"的侵害有些要等到行为完毕多年之后才会有所显现，只有通过相关的鉴定和评估才能了解受害人到底受了多少损失，这对于损害更为"隐性"的"光污染"而言更是如此。在本案中，光污染受害人谯某因为没有能够对光污染的存在与否以及严重程度进行司法鉴定，导致诉讼中缺乏相关的权威标准，直接影响到原告方整体的证明力，最后含恨败诉。这样的教训告诉我们，在面对光污染侵权时，在和解不能，确定要进入诉讼程序的情况下，应该聘请专业的司法鉴定机关进行鉴定，否则最终输了官司，得不偿失。

案例六　邻居顶棚反射光，引起纠纷上公堂

一、引子和案例

（一）案例简介

该案是因为日光折射刺眼引起的。

2010 年，居住于上海市浦东新区的陈某，一纸诉状将他的邻居周某告上了法庭。同年 8 月 27 日，案件在上海市浦东新区人民法院开始审理。

原告陈某居住于被告周某的楼上，二者为上下楼的相邻关系。周某出于自己生活的便利，在北阳台加装了防盗网，并将南阳台封闭起来，加装了玻璃顶棚。这本来是一个正常的加装行为，却因顶棚材质的选择，引起了纠纷。

原告陈某诉称，原、被告系邻居关系。被告将房屋南阳台封闭，突出墙面许多，一方面影响原告晾晒衣物，另一方面玻璃顶棚受日光折射刺目，存在严重的光污染，要求被告拆除该玻璃顶棚。

被告周某则辩称，自己将阳台封闭，占用的是被告自己私人的空间，并未向上延伸至原告空间，也没有破坏房屋结构，更不存在违章搭建的问题。并且，南阳台顶棚由钢化玻璃制成，是透明的，不会造

成光污染，因此，不同意原告的诉讼请求。

案件的特殊之处就在于，原告陈某不仅仅因为被告周某的加装玻璃顶棚的行为有碍其生活便利而提起诉讼，还进一步提出了玻璃顶棚的光污染问题。

（二）裁判结果

法院认为：原告没有相应的证据证明受到光折射侵害，法院难以支持其诉讼请求。据此，上海市浦东新区人民法院判决驳回原告陈某全部诉讼请求。

与案例相关的问题

光污染的定义是什么？

如果发生民事纠纷，应当如何确定地域管辖？

光污染主要会引起怎样的法律问题？

处理"相邻关系"的精神是什么？

对相邻关系的处理，法律具体怎样规定？

光污染问题的举证责任应当如何分配？

当相邻权遭受了侵害，应当如何维权？

二、相关问题

问：光污染的定义是什么？

答：国际照明委员会（CIE）对"光污染"做出了如下定义："在特定场合下，散逸光的数量、散逸方向或光谱引起人烦躁、分心或视觉能力下降等情形。"在日本，是指"人工光源不当与欠缺考虑的使用，阻碍良好的光环境，并带来诸多负面影响的散逸光线。"在我国，光污染的定义则为"过量的光辐射（包括可见光、红外线和紫外线）对人们生活与生态环境所造成不良影响的现象"。

三、与案件相关的法律问题

（一）学理知识

问：如果发生民事纠纷，应当如何确定地域管辖？

答：在民事诉讼中，管辖法院的确定极为重要。依据《中华人民共和国民事诉讼法》关于地域管辖的有关规定，公民对公民提起诉讼的，一般应由被告住所地人民法院管辖；被告住所地与经常居住地不一致的，由经常居住地人民法院管辖。若对法人或者其他组织提起民事诉讼，应当由被告住所地人民法院管辖。若同一诉讼的几个被告住所地、经常居住地在两个以上人民法院辖区的，这两个人民法院都有管辖权。

问：光污染主要会引起怎样的法律问题？

答：由光污染引起的法律问题复杂多样，种类繁多，涉及民法、行政法甚至是刑法。在这三大部门法中，光污染问题的研究尤以民法及行政法领域为重，往往会引起侵权损害赔偿、相邻权纠纷、行政许可、行政处罚、政府部门不履行职责等问题。以光污染为代表的环境污染问题与日常生活联系紧密，往往会引发各种各样的法律纠纷。

问：处理"相邻关系"的精神是什么？

答：本案比较鲜明的特点在于，原被告之间是邻居关系，这在法律上被定义为"相邻关系"，而相邻各方不但享有相邻权赋予的便利，也互相承担基于对方便利的法律义务。

相邻权指不动产的所有人或使用人在处理相邻关系时所享有的权利。具体来说，在相互毗邻的不动产的所有人或者使用人之间，任何一方为了合理行使其所有权或使用权，享有要求其他相邻方提供便利或是接受一定限制的权利。相邻权实质上是对所有权的限制和延伸。

相邻不动产的所有人或使用人在行使自己的所有权或使用权时，应当以不损害其他相邻人的合法权益为原则。

不动产的相邻各方，应当按照有利生产、方便生活、团结互助、公平合理的精神，正确处理截水、排水、通行、通风、采光等方面的相邻关系。

问：对相邻关系的处理，法律具体怎样规定？

答：《中华人民共和国物权法》第八十四条、八十五条、八十九条、九十条均对相邻关系纠纷的处理做出了规定。不动产的相邻权利人应当按照有利生产、方便生活、团结互助、公平合理的原则，正确处理相邻关系。相邻权人应当互相给予通风、采光、日照等便利，不得互相妨碍，更不得做出会造成固体废弃物污染、水污染、噪声污染及光污染的有害行为。如果对相邻权人造成了损害应当依法进行赔偿。

问：光污染问题的举证责任应当如何分配？

答：《中华人民共和国民事诉讼法》第六十四条对举证责任进行了规定，即"当事人对自己提出的主张，有责任提供证据。"即民事诉讼举证责任的分配应当依照"谁主张谁举证"的规则进行。尽管环境侵权存在着"举证责任倒置"的规定，但是这仅仅意味着被告方需要承担不存在因果关系的证明责任，而非绝对免除原告的举证责任，原告仍需对被告的污染行为及自己遭受的损害结果承担证明责任。

问：当相邻权遭受了侵害，应当如何维权？

答：依据《中华人民共和国侵权责任法》的有关规定，承担民事责任的方式有很多种，应当选择适当的方式提出诉讼请求。例如本案中，可以请求对方"停止侵害""排除妨害""赔偿损失"，等等，但是若请求对方"恢复名誉""赔礼道歉"则相对不适当，很难得到法院的支持。因此，在维护自己的合法权益时，提出适当、正确的诉讼请求尤为重要。

（二）法院裁判的理由

本案法院判决驳回原告的全部诉讼请求。

上海市浦东新区人民法院认为，被告周某基于其住宅阳台的基本结构及设计，采用玻璃顶棚封闭南阳台的行为，并不侵害原告周某的相邻权。原告所主张的玻璃顶棚对阳光的折射刺目，只是原告的个人感受，实际上并未达到光污染的程度。并且依据"谁主张谁举证"的原则，原告对其主张的光污染问题，亦未能提供相应的证据予以证明。另外，根据相邻权的相关规定，不动产的相邻各方，应当按照方便生活、团结互助、公平合理的原则，处理彼此间的相邻关系。相邻各方在行使权利的同时，也应给予对方便利并接受限制，尽一定限度的容忍义务，因此法院最后驳回了原告的诉讼请求。

（三）法院裁判的法律依据

《中华人民共和国民法通则》

第八十三条　不动产的相邻各方，应当按照有利生产、方便生活、团结互助、公平合理的精神，正确处理截水、排水、通行、通风、采光等方面的相邻关系。给相邻方造成妨碍或者损失的，应当停止侵害，排除妨碍，赔偿损失。

《中华人民共和国物权法》

第八十四条　不动产的相邻权利人应当按照有利生产、方便生活、团结互助、公平合理的原则，正确处理相邻关系。

第八十五条　法律、法规对处理相邻关系有规定的，依照其规定；法律、法规没有规定的，可以按照当地习惯。

第八十九条　建造建筑物，不得违反国家有关工程建设标准，妨碍相邻建筑物的通风、采光和日照。

第九十条　不动产权利人不得违反国家规定弃置固体废物，排放大气污染物、水污染物、噪声、光、电磁波辐射等有害物质。

《中华人民共和国民事诉讼法》

第六十四条　当事人对自己提出的主张，有责任提供证据。

当事人及其诉讼代理人因客观原因不能自行收集的证据，或者人民法院认为审理案件需要的证据，人民法院应当调查收集。

人民法院应当按照法定程序，全面地、客观地审查核实证据。

（四）上述案例的启示

本案中，原告认为自己遭受了光污染的侵害，并基于相邻权提出了诉讼请求。依据《中华人民共和国民法通则》第八十三条的规定，原被告之间确实存在相邻关系，也互相享有权利，承担义务。原告依据相邻关系，对光污染的侵害提出诉讼请求，这样的策略十分适合光污染侵权，也为其他环境污染侵权案件开拓了思路。因为在诸多案件中，我们会发现光污染往往不像固体污染、水污染等环境污染问题，会造成非常直接的损害。光污染造成的损害往往难以举证，对光污染侵权的损害赔偿也不易找到法律依据。在这种前提下，相邻权就为光污染侵权的损害赔偿请求权，提供了充分的正当性基础，因此，在基于光污染侵权提出损害赔偿时，可以选择基于相邻权提出诉讼请求。

案例七 4S 店的光照太强，周边居民难安眠

一、引子和案例

（一）案例简介

该案因为路灯太高引起的。

2004 年 11 月 1 日，一场具有代表性的光污染侵权案件在上海市浦东新区人民法院审结，被视为环境侵权领域中较有代表性的几起案件之一，被刊登于《最高人民法院公报》2005 年第 5 期，总第 103 期。

原告陆某，男，36 岁，因与被告上海 A 公司发生环境污染损害赔偿纠纷，向上海市浦东新区人民法院提起诉讼。

原告诉称：原告在被告经营场所的隔壁小区居住。被告经营场所东面展厅的围墙边，安装着三盏双头照明路灯，每晚七时至次日早晨五时开启。这些路灯散射的强烈灯光，直入原告居室，使原告难以安睡，为此出现了失眠、烦躁不安等症状，工作效率低下。被告设置的这些路灯，严重干扰了居民的休息，已经违反了上海市从 2004 年 9 月 1 日起开始实施的《城市环境装饰照明规范》的规定，构成光污染侵害。故此请求法院判令被告停止和排除对原告的光污染侵害，拆除该路灯，公开向原告道歉，并给原告赔偿损失 1,000 元。

颇具戏剧性的是，在审理中，原告将请求赔偿损失的金额由1,000元变更为1元。

在案件审理过程中，原告陆某较为完整地履行了举证义务。

被告当庭辩称：涉案路灯是被告为自己的经营场所外部环境提供照明安装的，是经营所需的必要装置，而且是安装在被告自己的经营场所上，原告无权干涉。该路灯的功率每盏仅为120瓦，不会造成光污染，不可能侵害原告，更不会对原告造成什么实际的损害结果。该路灯不仅为被告自己的经营场所外部环境提供了照明，事实上也为隔壁小区居民的夜间行走提供了方便。

经双方质证，上海市浦东新区人民法院确认以下事实：

原告陆某的居室西侧与被告A公司经营场所的东侧相邻，中间间隔一条宽15米左右的公共通道。A公司为给该经营场所东面展厅的外部环境照明，在展厅围墙边安装了三盏双头照明路灯，每晚七时至次日早晨五时开启。这些位于陆某居室西南一侧的路灯，高度与原告居室的阳台持平，最近处离原告居室20米左右，其间没有任何物件遮挡。这些路灯开启后，灯光除能照亮A公司的经营场所外，还能散射到原告居室及周围住宅的外墙上，并通过窗户对居室内造成明显影响。在原告居室的阳台上，目视夜间开启后的路灯灯光，亮度达到刺眼的程度。上海市《城市环境装饰照明规范》对"光污染"的定义是"由外溢光／杂散光的不利影响造成的不良照明环境"，狭义地讲，即为过量光线的消极影响。

（二）裁判结果

上海市浦东新区人民法院于2004年11月1日判决：

一、被告应停止使用其经营场所东面展厅围墙边的三盏双头照明路灯，排除对原告陆某造成的光污染侵害；

二、原告的其余诉讼请求，不予支持。

与案例相关的问题

我国光污染的具体类型主要包括哪些？

什么是民事诉讼？

在诸多纠纷解决机制中，为什么选择民事诉讼的途径解决争议？

什么是民事法律关系？

民事诉讼中的诉讼地位如何确定

"环境"的概念有无法律上的定义？

二、相关知识

我国光污染的具体类型主要包括哪些？

答：光污染是现代城市的主要污染源之一，其类型繁多，国际上也有不同的分类方式。我国目前还没有统一的分类方式。根据上海市的相关规定，目前主要包括：1. 外溢光／杂散光，指照明装置发出的光中落在目标区域或边界以外的部分；2. 障害光，即当外溢光达到了可以造成相关不良影响的程度时，即可以被称为障害光。

三、与案件相关的法律问题

（一）学理知识

问：什么是民事诉讼？

答：所谓诉讼，即基于民事纠纷，一方当事人通过向具有管辖权的人民法院起诉另一方当事人，请求人民法院解决争议的司法活动。在《中华人民共和国民事诉讼法》中，进一步对起诉的概念作出了规定：作为民事法律关系主体的当事人，认为自己的权利或依法受其管理、支配的民事权益受到侵害，或者与他人发生争议，以自己的名义请求法院通过审判给予保护的诉讼行为。明晰诉讼的概念，对解决争议、化解纠纷有着十分重要的作用。

问：在诸多纠纷解决机制中，为什么选择民事诉讼的途径解决争议？

答：我国始终致力于建设一个多元化的纠纷解决机制，从而更好地达到定纷止争的目的。目前我国的民事纠纷解决机制主要包括民事诉讼、调解、仲裁等方式。其中，民事诉讼的裁判结果具有强制力，得到了国家强制力的保障，在诉讼过程中，法院有权对妨碍诉讼秩序的行为人采取强制措施；而在当事人不履行判决时，法院有权力采取强制执行等措施。同时民事诉讼也兼具有客观性、公正性的优点。因此，当发生民事纠纷时，采取民事诉讼是较为有效的解决方式。

问：什么是民事法律关系？

答：简单来说，民事法律关系就是指基于民事法律事实并由民事法律规范调整形成的民事权利义务关系。

问：民事诉讼中的诉讼地位如何确定？

答：诉讼地位是指参与诉讼的人员在诉讼活动中所处的位置和发挥的作用。在本案中，存在原告和被告两方。

原告指在民事诉讼中，以自己的名义提起诉讼，请求法院保护其权益，因而使诉讼成立的人。例如本案中陆某因饱受 4S 店强光照射的侵害而向法院提起诉讼，他的诉讼地位即为原告。

被告指在民事案件中，侵犯原告利益，需要追究民事责任，并经法院通知其应诉的人。例如本案中的 A 公司，因为造成光污染而受到相邻权人的起诉，被法院列为被告。

在民事诉讼中，诉讼地位是最为基础的概念，也是首先需要明晰的概念。诉讼参与人依据各自的诉讼地位，享有诉讼权利，履行诉讼义务。

问："环境"的概念有无法律上的定义？

答：《中华人民共和国环境保护法》对"环境"做出了十分准确的定义。依据《中华人民共和国环境保护法》第二条的规定，环境是指影响人类生存和发展的各种天然的和经过人工改造的自然因素的总体。例如，大气、水、海洋、土地、矿藏、森林、草原、野生生物、自然遗迹、人文遗迹、自然保护区、风景名胜区、城市和乡村等，都是"环境"的范畴，也都是我国环保法的保护对象。

（二）法院裁判的理由

《中华人民共和国环境保护法》第六条规定，一切单位和个人都有保护环境的义务，并有权对污染和破坏环境的单位和个人进行检举和控告。既然环境是影响人类生存和发展的各种天然的和经过人工改造的自然因素的总体，路灯灯光当然被涵盖在其中。

被告 A 公司在自己的经营场所设置路灯，为自己的经营场所外部环境提供照明，本无过错。但由于 A 公司的经营场所与周边居民小区距离甚近，中间无任何物件遮挡，A 公司路灯的外溢光、杂散光能射入周边居民的居室内，数量足以改变居室内人们夜间休息时通常习惯的暗光环境，且超出了一般公众普遍可忍受的范围，因此 A 公司设置的路灯，其外溢光、杂散光确实达到了《城市环境装饰照明规范》所指的障害光程度，已构成由强光引起的光污染，遭受污染的居民有权进行控告。但 A 公司的侵权行为没有给原告造成不良的社会影响，故对陆某关于 A 公司公开赔礼道歉的诉讼请求，不予支持。尽管陆某只主张 A 公司赔偿其损失 1 元，但因陆某不能举证证明光污染对其造成的实际损失数额，故对该项诉讼请求亦不予支持。

（三）法院裁判的法律依据

《中华人民共和国环境保护法》（1989 年）[1]

第二条　本法所称环境，是指影响人类生存和发展的各种天然的和经过人工改造的自然因素的总体，包括大气、水、海洋、土地、矿藏、森林、草原、野生生物、自然遗迹、人文遗迹、自然保护区、风景名胜区、城市和乡村等。

第六条　一切单位和个人都有保护环境的义务，并有权对污染和破坏环境的单位和个人进行检举和控告。

第四十一条第一款　造成环境污染危害的，有责任排除危害，并对直接受到损害的单位或者个人赔偿损失。

《中华人民共和国民法通则》

第一百二十四条　违反国家保护环境防止污染的规定，污染环境造成他人损害的，应当依法承担民事责任。

第一百三十四条　承担民事责任的方式主要有：

（一）停止侵害；

（二）排除妨碍；

（三）消除危险；

（四）返还财产；

（五）恢复原状；

（六）修理、重作、更换；

（七）赔偿损失；

（八）支付违约金；

（九）消除影响、恢复名誉；

（十）赔礼道歉。

---

〔1〕《中华人民共和国环境保护法》已于 2017 年 11 月 4 日最新修正。

以上承担民事责任的方式，可以单独适用，也可以合并适用。

人民法院审理民事案件，除适用上述规定外，还可以予以训诫、责令具结悔过、收缴进行非法活动的财物和非法所得，并可以依照法律规定处以罚款、拘留。

（四）上述案例的启示

本案中，原告陆某要求被告方拆除照明路灯的诉讼请求得到了支持，但要求被告方赔礼道歉的诉讼请求被驳回，这充分证明了诉讼请求选择的重要性。

依据《中华人民共和国民法通则》及《中华人民共和国侵权责任法》的有关规定，承担民事责任的方法主要有停止侵害、排除妨碍、消除危险、返还财产、赔偿损失、赔礼道歉等十种。因为原告确实遭受了光污染的侵害，法院支持了其停止侵害、排除妨碍的诉讼请求，但因为原告的名誉并未受到影响，社会评价没有因此降低，法院驳回了原告要求被告方赔礼道歉的诉讼请求。这说明在提出诉讼请求时，只有理性谨慎的选择，才能得到法院的支持。

案例八　鱼翅酒楼招牌亮，霓虹灯光污染强

一、引子和案例

（一）案例简介

该案是因为霓虹灯光污染侵权引起的。

原告鲁某，是南京市某小区业主。被告南京 A 酒楼，租赁原告所住大楼的 2 层、3 层房屋从事餐饮业经营。在未经大楼业主一致同意的情况下，被告擅自在大楼公共外墙上设置了两处店铺招牌。巨大的店铺招牌白天遮住了部分业主的采光，晚上霓虹灯闪烁造成严重的"光污染"。包括原告在内的大楼业主多次要求被告停止侵害，被告执意不改。

而被告 A 酒楼则辩称：

（1）酒楼的店招是经过南京市市容管理局批准合法设立的，如果原告对此行政许可有异议，应当向有关部门进行投诉或提起行政诉讼。

（2）原告的房屋楼层较高，霓虹灯不影响原告的正常居住。原告起诉状中所称的"光污染"没有相关法定标准。A 酒楼晚间的营业时间较短，并不会造成所谓的"光污染"。如果霓虹灯也是"光污染"，那么路灯是否也会形成"光污染"呢？

审理过程中，原被告双方围绕霓虹灯招牌是否造成了光污染这一问题争执不下。

随后，法院经公开审理查明：原被告所处房屋为商住两用的高层建筑。被告 A 酒楼在二楼顶部延伸出的平台的东南面设置了一块店招，高达两层楼；另在该楼 4 楼至 9 楼的东面外墙上垂直设置了店招一块，两块店招均用霓虹灯制作。经法院查明，A 酒楼设置的两块霓虹灯店招已经过南京市市容管理局批准。但是，酒楼所在的小区业主大会或业主委员会并没有同意 A 酒楼实施上述行为，也未形成管理规约或会议决议。故此，虽然 A 酒楼的行为经过了南京市市容管理局批准，但并未充分尊重建筑物共有人的合法权益。

（二）裁判结果

法院支持了原告的部分诉讼请求。法院经审理认为，原告认为霓虹灯店招造成光污染，依据不足，不予支持，但法院以酒楼的招牌过于巨大，侵犯了业主共有权为由，判决其拆除系争楼宇 4 楼到 9 楼东面外墙上的霓虹灯招牌。

与案例相关的问题

霓虹灯光线会造成光污染吗？会对人体健康造成损害吗？

对于光污染问题，我国的立法现状是怎样的？

什么是建筑物区分所有权？

谁享有建筑物区分所有权？

建筑物区分所有权如何界定？

二、相关知识

问：霓虹灯光线会造成光污染吗？会对人体健康造成损害吗？

答：光污染是指干扰性或过量的光辐射（含可见光、紫外光和红外光辐射）对人体健康和人类生存环境造成负面影响之总称。因此，只要由于过量的光辐射对健康和环境造成了不利影响，或者是光线以一种具有干扰性的方式造成负面影响，就可以认定为造成了光污染，至于如何造成了光污染，则在所不论。

三、与案件相关的法律问题

（一）学理知识

问：对于光污染问题，我国的立法现状是怎样的？

答："广义"上的法律是指包括宪法、法律、行政法规、地方性法规等在内的一切规范性法律文件。从这一角度出发，我国一些经济发展水平较高的地区，已经出台了关于光污染问题的规定，例如上海市出台的《LED道路照明灯技术规范》和《城市环境（装饰）照明规范(DB31/T316 2004)》等。而广州等地区也已经将光污染问题的立法提上日程。但是，我国目前尚无"狭义"的法律，即由全国人大及其常委会制定的、适用于全国的单行法律。

问：什么是建筑物区分所有权？

答：依照《中华人民共和国物权法》的有关规定，建筑物区分所有权是指业主对建筑物内的住宅、经营性用房等专有部分享有所有权，对专有部分以外的共有部分享有共有和共同管理的权利。可以看出，建筑物区分所有权包括两个部分：业主专有（独自享有所有权）的部分，主要由购房合同上所载明的部分组成，也就是说，购房合同上所写的归属业主单独所有的部分，就是专有部分；业主共有（整栋建筑物内所有业主共同共有）的部分一般包括建筑物的楼梯、承重墙、外立面等建筑物不可被独占的部分。因此，建筑物区分所有权是一种非常特殊的物权形式。

问：谁享有建筑物区分所有权？

答：依据《中华人民共和国物权法》的有关规定，"业主"享有建筑物区分所有权。而依据《最高人民法院关于审理建筑物区分所有权纠纷案件具体应用法律若干问题的解释》，所谓"业主"，即基于与建设单位之间的商品房买卖民事法律行为，已经合法占有建筑物专有部分，并依法完成所有权登记的人。对于已经合法占有专有部分，但尚未完成公示登记的，亦可认定为业主。

问：建筑物区分所有权如何界定？

答：依据《中华人民共和国物权法》的规定，建筑物区分所有权分为专有部分和共有部分。依据《最高人民法院关于审理建筑物区分所有权纠纷案件具体应用法律若干问题的解释》第二条、第三条，所谓专有部分，即指具有构造上的独立性、利用上的独立性、能够登记成为特定业主所有权的客体，包括可以明确区分、排他使用的房屋、车位、摊位，等等。而共有部分则与专有部分相对，具体包括建筑物的基础、承重结构、外墙、屋顶、通道、楼梯、大堂、绿地，等等。建筑物区分所有权是一种特殊的物权形式，在司法实践中较为复杂，明确界定专有部分与共有部分，是处理建筑物区分所有权问题的基础。

（二）法院裁判的理由

法院经审理认为：原、被告之间既存在不动产相邻各方之间的相邻关系，又有建筑物区分所有关系，二者均是我国法律的调整对象。

根据相邻关系的相关规则，相邻各方在社会公认的合理限度内，负有相互忍让、相互提供便利的义务。原告所诉称的"光污染"，并非法律概念，实质是指室外光线对其专有部分房屋在居住、使用方面的不利影响，属相邻关系法律制度的调整范围。A酒楼设置的两块店招均距原告位于 15 楼的住房较远，不会对原告住房白天的采光造成不利影响。虽在晚间霓虹灯有光线闪烁，但该光线对于原告房屋的居住、使用干扰不大。原告采取一些通常的方法，如睡眠时关闭窗户或拉上窗帘，足以避免此类光线干扰。因此，晚间霓虹灯的光线闪烁对原告行使其房屋专有权未造成较大的妨碍。此种情形在城市的夜晚亦为常见，属一般社会公众认可的可忍受限度之内。原告认为霓虹灯店招造成"光污染"，事实依据不足，不予支持。

（三）法院裁判的法律依据

《中华人民共和国物权法》

第七十条　业主对建筑物内的住宅、经营性用房等专有部分享有所有权，对专有部分以外的共有部分享有共有和共同管理的权利。

第七十一条　业主对其建筑物专有部分享有占有、使用、收益和处分的权利。业主行使权利不得危及建筑物的安全，不得损害其他业主的合法权益。

第八十四条　不动产的相邻权利人应当按照有利生产、方便生活、团结互助、公平合理的原则，正确处理相邻关系。

《最高人民法院关于审理建筑物区分所有权纠纷案件具体应用法律若干问题的解释》

第一条　依法登记取得或者根据物权法第二章第三节规定取得建筑物专有部分所有权的人，应当认定为物权法第六章所称的业主。

基于与建设单位之间的商品房买卖民事法律行为，已经合法占有建筑物专有部分，但尚未依法办理所有权登记的人，可以认定为物权法第六章所称的业主。

（四）上述案例的启示

尽管法院认定 A 酒楼店铺招牌的霓虹灯并未达到造成光污染的程度，但最终，法院仍以 A 酒楼的一块招牌过于巨大，侵犯了业主共有权的理由，判决其拆除系争楼宇 4 楼至 9 楼东面外墙上设置的霓虹灯店招。也就是说，尽管法院并未依据光污染侵权而支持原告的诉讼请求，但仍基于建筑物区分所有权，支持了原告的部分诉讼请求。所以，在当下没有直接调整光污染的法律法规的现状下，光污染事实上的受害人可以不将主要的精力放在攻克光污染侵权上，这样风险太高，可以从相邻关系或者建筑物区分所有权的角度入手以达到去除侵害的目的。面对诉讼时，我们应当充分分析案件的事实情况，制订灵活多变的诉讼策略，从多个角度为诉讼请求提供依据。

案例九　反光雨棚难拆除，邻里纠纷何时息

一、引子和案例

（一）案例简介

该案是因为邻居的雨棚反光引起的。

城市生活中，私自搭建违章建筑的问题频繁出现，往往对邻里的生活造成极大的困扰。采用反光材料搭建的雨棚，除了会影响邻里的日常生活便利，还会造成比较强烈的光污染。2013 年，上海市浦东新区人民法院就受理了这样一起案件。

原告金某，系上海市浦东新区 ×× 路居民，诉称自己与被告方倪某系上下楼邻居。2013 年 10 月，被告在原雨棚位置上 20 至 30 厘米处搭建了新的雨棚，其高度距离原告晾衣架非常近，宽度超出原雨棚宽度，严重影响原告晾晒衣物。另由于该雨棚采用了反光材料，造成光污染。此外，下雨时雨棚会产生异常巨大的噪声，且对原告的住宅安全构成隐患。故原告起诉来院，要求判令：拆除被告倪某搭建在上海市浦东新区 ×× 路 ×× 室卧室和阳台外立面的雨棚。

被告倪某辩称：1999 年，被告父母入住时就在卧室和阳台外安装了雨棚。2013 年 7 月，被告进行房屋装修时未与原告协商，在天井内

搭建阳光房。后因原告向城管大队和物业公司反映，被告拆除了已搭建的架子，但重新安装了雨棚。之后，原告再次向物业公司和居委会反映被告搭建的雨棚太高，要求被告降低雨棚高度。经物业公司和居委会工作人员协调，原告表示同意降低雨棚高度。现被告已将雨棚高度降到最低，但由于原告与安装雨棚的装修工人发生了争吵，故原告起诉至法院。现被告不同意原告的诉讼请求。

上海市浦东新区人民法院经审理查明：原告金某某系上海市浦东新区××路××室房屋的承租人，被告倪某系上海市浦东新区××路××室房屋的产权人。原、被告系上下楼邻居关系。现原告以被告搭建的雨棚严重影响原告晾晒衣物等，对原告生活造成了一定的妨碍，起诉来院要求判如所请。

以上事实，由原、被告的庭审陈述，上海市房地产登记簿，小区住宅装修须知，照片一组等在案佐证。

（二）裁判结果

法院认为，不动产的相邻各方，应当本着有利生产、方便生活、团结互助、公平合理的原则正确处理各方面的相邻关系，对相邻方构成妨碍的，应当排除妨碍。被告搭建的雨棚，对原告晾晒衣物等构成一定的妨碍，现原告要求被告拆除，于法有据，法院予以支持。被告的抗辩，于法无据，法院不予采纳。综上，根据《中华人民共和国物权法》第八十四条之规定，判决被告倪某拆除搭建在上海市浦东新区××路××室卧室和阳台外立面的雨棚。

与案例相关的问题

本案中的光污染问题究竟有多严重？

光污染会引起怎样的权利义务关系？

光污染侵权应当如何明晰责任？

在民事诉讼案件中，可否聘用代理人参加诉讼？

民事诉讼的证据，有哪些要求？

民事诉讼的证据，有哪些种类？

二、相关知识

问：本案中的光污染问题究竟有多严重？

答：本案中的光污染问题，主要集中于"光侵扰"，即指本案中反光雨棚反射了不必要的光线，进入原告的生存区域，而给原告及其家人造成了困扰。"光侵扰"不仅会影响人们的日常生活，而且会影响人们夜晚的入睡，长此以往将严重影响身体健康。

除此以外，还有一种光污染也是我们所不能忽视的，通常称之为"炫光"。例如本案中，反光雨棚不仅会对邻居造成光侵扰，更会在日照强烈时，对来往行人造成短时间，甚至是一瞬间的强光刺激，这往往会导致受刺激者短暂丧失视觉功能，加大了交通安全的隐患。

三、与案件相关的法律问题

（一）学理知识

问：光污染会引起怎样的权利义务关系？

答：光污染侵权是一种比较复杂的侵权行为，往往会引起物权及债权关系。物权关系多见于相邻关系引起的纠纷，而债权关系则多体现于因为光污染而形成的侵权损害赔偿。民事法律关系的主要内容，即为享有权利承担义务，在相邻关系中，人们基于相邻权享有便利，也基于相邻关系承担给予他方便利的义务；在侵权关系中，受害方享有索取赔偿的权利，而加害方则承担赔偿损失的义务。一般来说，权利和义务是相对的，在光污染问题中尤其如此。

问：光污染侵权应当如何明晰责任？

答：这一问题涉及《中华人民共和国侵权责任法》规定的"归责原则"问题，即应当依据案件事实来确定侵权责任的归属。我国按照是否考虑行为人的"主观过错"这一要件，将侵权责任分为"过错责任原则"和"无过错责任原则"两种。与其他环境污染侵权问题无异，光污染也应当依据《中华人民共和国侵权责任法》第六十五条之规定，采用"无过错责任"的归责原则，即不考虑侵权人的主观过错，只要行为人有光污染行为，受害人遭受了损害，且行为与损害之间具有因果关系，即足以成立侵权行为。

问：在民事诉讼案件中，可否聘用代理人参加诉讼？

答：可以。所谓诉讼代理人，是指以一方当事人名义，在法律规定的范围内或是当事人授予的权限范围内代理该当事人实施诉讼行为的人。设定诉讼代理人制度的原因在于，诉讼案件的处理结果往往关系到当事人的实体权利，原则上应由当事人自己亲力亲为，但是由于当事人存在缺乏相应的法律知识或是年龄较小、精神存在问题等情况，法律设定了诉讼代理人制度，以便当事人更好地保护自己的权利。

问：民事诉讼的证据，有哪些要求？

答：民事诉讼证据是指依照民事诉讼规则认定案件事实的依据。民事诉讼证据对于当事人进行诉讼活动，维护自己的合法权益，对法院查明案件事实，依法正确裁判都具有十分重要的意义。针对民事诉讼证据，我国法律有三个最基本的要求，即客观真实性、关联性和合法性。

问：民事诉讼的证据，有哪些种类？

答：证据是法院认定案件事实、作出裁判的主要依据，针对证据的种类，我国有明确的法律规定。依据《中华人民共和国民事诉讼法》

第六十三条，民事诉讼的证据包括当事人的陈述、书证、物证、视听资料、电子数据、证人证言、鉴定意见、勘验笔录八种。本案中原被告提供的证据，就是典型的物证。

（二）法院裁判的理由

上海市浦东新区人民院经审理认为：依据《中华人民共和国民法通则》《中华人民共和国物权法》及相关法律法规，不动产的相邻各方，应当本着有利生产、方便生活、团结互助、公平合理的原则正确处理各方面的相邻关系，给相邻方构成妨碍的，应当排除妨碍。本案中被告搭建的雨棚超高超宽，对原告晾晒衣物等构成一定的妨碍。并且采用了反光材料，对居住在楼上的原告方造成了较为强烈的光污染。故此，原告要求被告拆除，于法有据，法院予以支持。

（三）法院裁判的法律依据

《中华人民共和国物权法》

第八十四条　不动产的相邻权利人应当按照有利生产、方便生活、团结互助、公平合理的原则，正确处理相邻关系。

第八十五条　法律、法规对处理相邻关系有规定的，依照其规定；法律、法规没有规定的，可以按照当地习惯。

第八十九条　建造建筑物，不得违反国家有关工程建设标准，妨碍相邻建筑物的通风、采光和日照。

第九十条　不动产权利人不得违反国家规定弃置固体废物，排放大气污染物、水污染物、噪声、光、电磁波辐射等有害物质。

《中华人民共和国民事诉讼法》

第六十四条　当事人对自己提出的主张，有责任提供证据。

当事人及其诉讼代理人因客观原因不能自行收集的证据，或者人民法院认为审理案件需要的证据，人民法院应当调查收集。

人民法院应当按照法定程序，全面地、客观地审查核实证据。

（四）上述案例的启示

本案中，原告依据相邻权而胜诉。这充分说明，相邻权各方之间应当相互尊重，相互给予便利，按照有利生产、方便生活、团结互助、公平合理的精神，正确处理截水、排水、通行、通风、采光等方面的相邻关系。相邻关系带给我们的既是权利又是义务。《中华人民共和国民法通则》《中华人民共和国物权法》在赋予我们权利的同时，更附加了相应的义务。因此，我们不仅仅应当依据相邻权，对光污染侵权提出诉讼请求，也应当在日常生活中，充分尊重他人的权利，给予他人必要的便利，履行必要的容忍义务，唯有如此，才能从根本上防治光污染。

案例十 露台私建玻璃房，强光污染引纠纷

一、引子和案例

（一）案例简介

该案是因为玻璃房的光污染问题引起的。

原告李某，系西安市雁塔区科技六路××小区居民，被告卢某居住于其楼下。邻里之间本来相处和睦，但是因被告卢某私自搭建玻璃房，使得二人之间的关系紧张了起来。

被告卢某的住所与原告恰好紧邻一个公共的露台。被告在未经任何部门核准的情况下，擅自将公共露台违规搭建成一个20平方米的玻璃房，这就给居住在其楼上的李某带来了困扰。

原告认为：1. 卢某修建该玻璃房，未经行政机关审批，属违法建筑，物业公司曾先后向其发送了三次整改通知。2. 玻璃顶面存在反光污染以及雨水击打噪声污染，严重影响了自己的生活。故原告认为，被告应该拆除该玻璃房。

而被告卢某则辩称：1. 玻璃房顶面采用的材质不存在反光问题，未侵犯他人利益。2. 李某所谓的安全隐患，可以通过安装监控、防护网以及在玻璃房顶棚铺设草皮等措施排除，没有必要拆除玻璃房。

法院经审理查明：原被告系上下楼相邻关系。原告以被告未经任何部门核准，擅自将公共露台违规搭建成一个20平方米的玻璃房，给其生命和财产带来了重大的安全隐患，以及玻璃顶的反射光对其造成反射光污染为由，要求卢某停止侵权，排除妨害，拆除系争违章建筑，支付其经济损失。

审理期间，原告向法庭提交了一份2016年3月7日西安晚报《邻居违规建成玻璃房 楼上业主担心有安全隐患》的报道及相关证据。被告认可其搭建玻璃房的事实，但否认搭建行为侵害了李某的合法权益。为此，原告李某曾以被告卢某违章搭建为由向高新区管委会举报。

审理期间，原告申请对被告搭建的玻璃房对其造成的光污染进行鉴定，法庭告知在庭后三日内提交书面申请，逾期视为放弃鉴定，原告逾期未提交鉴定申请。庭后经法院现场查勘，卢某对阳台进行封包超出其房屋所属范围。

（二）裁判结果

法院判决被告卢某拆除私建的玻璃房，但驳回了原告要求赔偿损失的诉讼请求。

与案例相关的问题

目前我国哪些法律为光污染侵权的赔偿提供了依据？

民事侵权损害赔偿有无限制？

如果遭受了光污染，应当如何确定管辖法院？

为什么法院支持了原告拆除玻璃房的诉讼请求，却驳回了原告要求赔偿的诉讼请求？

为什么《中华人民共和国物权法》可以应用于光污染侵权案件？

二、相关知识

问：目前我国哪些法律为光污染侵权损害赔偿提供了依据？

答：光污染侵权是一种涵盖范围广、涉及法律关系繁多的侵权形式，横跨民事、行政、刑事三大部门法，这其中，以民事领域为主要阵地。在民事领域中，《中华人民共和国民法总则》《中华人民共和国侵权责任法》，甚至《中华人民共和国物权法》均为光污染侵权的赔偿提供了依据，不仅如此，《中华人民共和国物权法》中关于相邻关系的法律条文亦为光污染侵权的赔偿提供了法律依据。

三、与案件相关的法律问题

（一）学理知识

问：民事侵权损害赔偿有无限制？

答：我国法律对民事侵权损害赔偿的方式、要求等问题均进行了规定。在进行民事侵权损害赔偿时，侵权人应当首先填补受害人所遭受的损失，但仅限于原告能举证的、有填补之意义的，并且为法律所容许的正当利益。也就是说，理论上原告所遭受的损失能够得到充分、圆满的赔偿，但是填补成本过高、无赔偿之必要或是利益本身欠缺法律依据的除外。例如本案中，原告并不能对自己的赔偿请求充分举证，故而其要求赔偿的诉讼请求并未得到法院支持。

问：如果遭受了光污染，应当如何确定管辖法院？

答：在提起民事诉讼之前，首先应当确定的就是受诉法院，这一问题在法律上称为"民事诉讼的管辖"。民事诉讼管辖分为级别管辖与地域管辖两方面。依据现行《中华人民共和国民事诉讼法》中关于级别管辖的有关规定，一审通常都由基层人民法院进行管辖，例如本案中原告即向基层法院提起了诉讼。而地域管辖，即向哪一个地方的法院提起诉讼，则往往依据受害人之诉讼请求而有所不同。如果是基于侵权损害赔偿引起的民事纠纷，则"被告住所地""被告经常居住地""侵权行为地""侵权结果地"法院均有管辖权。若是基于相邻关系而引起的民事纠纷，则往往直接由"不动产所在地"的人民法院进行管辖，即专属管辖。

问：为什么法院支持了原告拆除玻璃房的诉讼请求，却驳回了原告要求赔偿的诉讼请求？

答：依据《中华人民共和国民事诉讼法》第六十四条规定，"当事人对自己提出的主张，有责任提供证据。"同时，依据《最高人民法院关于适用〈中华人民共和国民事诉讼法〉的解释》第九十条第二款规定，"在作出判决前，当事人未能提供证据或者证据不足以证明其事实主张的，由负有举证证明责任的当事人承担不利的后果。"因此，本案中因为原告没有提交鉴定申请，对光污染所造成的实际损害证据不足，未能举证证明自己遭受了损失，因此其赔偿损失的诉讼请求未能得到法院的支持。

问：为什么《中华人民共和国物权法》可以应用于光污染侵权案件？

答：《中华人民共和国物权法》主要调整的是不动产及动产等物权法律关系，似乎与光污染侵权无关。但是，在司法实践中发现，光污染的污染源，主要来源于不动产的人工光源（例如 LED 灯箱）及不动产表面的折射（例如玻璃幕墙）。因此，在光污染侵权案件中，相邻关系往往为原告提供了重要的法律依据。而相邻关系除了于《中华人民共和国民法通则》中有所体现之外，主要便规定于《中华人民共和国物权法》之中。因此，在司法实践中，光污染侵权案件往往会较多的涉及《中华人民共和国物权法》。

（二）法院裁判的理由

法院认为，妨害物权或者可能妨害物权的，权利人可以请求排除妨害或者消除危险。

被告对其阳台进行封包，应以不影响原告李某房屋安全为限，经法院现场勘查，被告对阳台进行封包明显超出其房屋所属范围，并对原告房屋的安全造成影响，故对于李某要求卢某停止侵权、排除妨害、拆除违章建筑的请求，应当予以支持。

此外，当事人对自己提出的诉讼请求所依据的事实或者反驳对方诉讼请求所依据的事实，应当提供证据加以证明。在作出判决前，当事人未能提供证据或者证据不足以证明其事实主张的，由负有举证责任的当事人承担不利的后果。因原告未在期限内对光污染问题提交鉴定申请，没有得到相关损害的鉴定意见，也就无法提交其所受损失的相关证据，故对于原告关于被告赔偿损失的要求，法院不予支持。

（三）法院裁判的法律依据

《中华人民共和国民法通则》

第八十三条　不动产的相邻各方，应当按照有利生产、方便生活、团结互助、公平合理的精神，正确处理截水、排水、通行、通风、采光等方面的相邻关系。给相邻方造成妨碍或者损失的，应当停止侵害，排除妨碍，赔偿损失。

《中华人民共和国物权法》

第三十五条　妨害物权或者可能妨害物权的，权利人可以请求排除妨害或者消除危险。

第八十四条　不动产的相邻权利人应当按照有利生产、方便生活、团结互助、公平合理的原则，正确处理相邻关系。

《中华人民共和国民事诉讼法》

第六十四条　当事人对自己提出的主张，有责任提供证据。

当事人及其诉讼代理人因客观原因不能自行收集的证据，或者人民法院认为审理案件需要的证据，人民法院应当调查收集。

人民法院应当按照法定程序，全面地、客观地审查核实证据。

《最高人民法院关于适用〈中华人民共和国民事诉讼法〉的解释》

第九十条　当事人对自己提出的诉讼请求所依据的事实或者反驳对方诉讼请求所依据的事实，应当提供证据加以证明，但法律另有规定的除外。

在作出判决前，当事人未能提供证据或者证据不足以证明其事实主张的，由负有举证证明责任的当事人承担不利的后果。

（四）上述案例的启示

本案中，原告的诉讼请求得到了部分支持，其中，拆除玻璃房的诉讼请求，虽然最终未证实确有光污染侵权，但法院仍因被告行为妨碍了原告的物权也即相邻权，而判决支持原告诉讼请求。这说明《中华人民共和国物权法》在光污染侵权案件中的作用不容忽视，虽然光污染问题往往造成的是侵权损害，但是《中华人民共和国物权法》也往往能发挥充分的作用。

此外，原告关于侵权损害赔偿的诉讼请求未得到法院的支持，因为原告未能充分证明其遭受了相应的损失。这告诉我们，在民事诉讼中，不能够只提出诉讼请求，更要依据"谁主张，谁举证"的基本原则，对自己的诉讼请求进行证明，尤其在需要进行鉴定的时候及时进行鉴定，将较为隐性的、抽象的损害事实具体化、纸面化，这样才能具备充分的证据，从而得到法院的支持，维护自己的权利。

案例十一　新楼开发不规范，光照污染引纠纷

一、引子和案例

（一）案例简介

该案是因为开发商的建筑活动形成光污染而引起的。

原告王某是居住在山东省德州市××县××小区的居民。原本居住的小区视野优良，布局开阔，但是随着一个个新建楼盘拔地而起，原告的安宁生活也受到了影响。

被告A有限公司，于2013年开始在原告周围进行商品房开发，所建楼盘将原告居住的小区团团围住，造成王某居住环境的巨大改变，影响了原告居住环境的通风、排水、采光，并造成了光污染。

原告诉称：1.日照时间违法。原告是先住户，根据城市居住区规划设计规范，新建建筑物在原设计建筑物外增加设施不应使相邻住宅原有日照标准降低。现在不但造成了原告原标准达不到，还违反了规范确定的新的日照标准。××县不属于市级行政设置，属于建筑气候Ⅱ类气候区，规划设计日照时数在大寒日不应低于3小时。2.被告的5号楼还对住户造成反射光光污染，窗户玻璃将下午的太阳光反射，通过原告的窗户照到原告的屋里（客厅），使人在屋里睁不开眼，造成

白天需要拉窗帘的情形（有录像光盘）。

被告辩称：1.光污染应由有权机关进行鉴定。2.建设楼房经有关部门批准，具有合法建筑手续。有国有土地使用证、建设用地规划许可证、施工许可证等为证。××县建设局批准建设前是经过日照分析、不影响周围居民的通风采光等相邻权情况下批准建设的。

法院经审理查明，2014年5月6日，德州市城市规划设计研究院为××县××小区作出日照分析报告。该报告载明，××小区3、4、5、6号楼部分住宅，在××小区项目建设后降低了原有日照时数，且不满足大寒日3小时日照要求，共14户，但不包括本案原告。从日照分析报告也可以看到，原告提及的光照问题并未达到光污染的程度。

诉讼中原告提交的证据也是自己测量得出的，被告对此不予认可，因此，仅凭原告现有的证据尚不能确认原告主张的被告建筑物对原告的影响符合法定的侵权赔偿标准。

（二）裁判结果

经审判委员会讨论，依照《中华人民共和国民事诉讼法》第六十四条的规定，判决驳回原告王某的诉讼请求。

与案例相关的问题

针对光污染，我国是否有快捷的审理程序？

对于光污染侵权行为的构成要件，法律有无明确规定？

本案情形，是否可以提起公益诉讼？

提起民事公益诉讼需要哪些条件？

在管辖法院方面，公益诉讼与一般的民事诉讼一样吗？

如果对法院管辖权存在异议，应该怎么办？

二、相关知识

问：针对光污染，我国是否有快捷的审理程序？

答：依据《中华人民共和国民事诉讼法》的规定，民事诉讼的审理除却一审普通程序外，还有简易程序及小额程序。所谓简易程序，是指基层人民法院和它派出的法庭审理事实清楚、权利义务关系明确、争议不大的简单民事案件时适用的程序。简易程序的起诉、案件的受理、传唤等相对于普通程序来说更为简便，且适用简易程序审理的案件三个月内必须审结。比简易程序更为简便的是小额诉讼程序，即标的额为各省、自治区、直辖市上年度就业人员年平均工资百分之三十以下的，权利义务关系清楚的简单民事案件。但是，环境侵权诉讼的权利义务关系往往不甚明确，争议也比较复杂，尤其是光污染这种难以证明的侵权形式，往往还会涉及"评估、鉴定"等问题，这就导致光污染案件往往不可以也不宜适用简易程序和小额诉讼程序。

三、与案件相关的法律问题

（一）学理知识

问：对于光污染侵权行为的构成要件，法律有无明确规定？

答：通常来说，侵权行为的构成要件主要包括以下四个要素：侵权行为、损害结果、侵权行为与损害结果之间具有因果关系，以及行为人具有主观过错，包括故意与过失两种。但这样的构成要件是针对一般侵权行为而言的，针对光污染应当适用"环境污染侵权"的归责原则，即"无过错责任原则"。因此，依据《中华人民共和国侵权责任法》第六十五、六十六条之规定，光污染侵权的构成要件为侵权行为、损害结果、侵权行为与损害结果之间具有因果关系，不包括主观过错。

我国法律虽未直接规定光污染侵权的构成要件，但可以直接适用"环境污染侵权"的有关规定。

问：本案情形，是否可以提起公益诉讼？

答：2015 年，我国最新修订的《最高人民法院关于适用〈中华人民共和国民事诉讼法〉的解释》，规定了环境保护法上的"公益诉讼"制度并对其具体适用加以完善，随后出台的《最高人民法院关于审理环境民事公益诉讼案件适用法律若干问题的解释》则进一步明确了环境公益诉讼的相关制度环境。2017 年修改的《中华人民共和国民事诉讼法》在第五十五条第二款中赋予了检察机关提起环境民事公益诉讼的主体资格。依据以上规定，当环境污染已经侵害了社会公共利益的时候，法律规定的有权主体可以依法提起公益诉讼。而本案中，新的楼盘围绕原有小区建设，势必会侵犯原有小区大部分业主的权益，因此，本案情况具备提起民事公益诉讼的条件。

问：提起民事公益诉讼需要哪些条件？

答：民事公益诉讼的提起，首先要求主体适格。依据《中华人民共和国环境保护法》第五十八条之规定，民事公益诉讼应当由有权主体提起，而有权主体是指人民检察院和符合条件的环保组织。环保组织要符合下列条件才可以提起环境民事公益诉讼：1. 依法在设区的市级以上人民政府民政部门登记；2. 专门从事环境保护公益活动连续五年以上无违法记录。社会组织不仅仅包括民间社会团体，也包括民办非企业单位以及基金会，等等。当这些社会组织符合法律的要求，就可以以"适格主体"的身份，提起民事公益诉讼。

问：在管辖法院方面，公益诉讼与一般的民事诉讼一样吗？

答：民事诉讼的关系往往依据所涉及法益的大小、案件复杂程度的不同，而在级别管辖上有所区别。如果因光污染问题而提起了民事公益诉讼，那么首先在级别管辖上就会与一般的民事诉讼有所区别，也就不再由基层人民法院管辖，而是由中级人民法院管辖。但在地域管辖方面，则不会因为公益诉讼的原因而与一般的民事诉讼有所区别，仍旧依照《中华人民共和国民事诉讼法》的有关规定，由行为发生地、损害结果地或被告居住地的法院管辖。因此，民事公益诉讼与一般民事诉讼的主要区别体现在级别管辖上。

问：如果对法院管辖权存在异议，应该怎么办？

答：这一问题在民事诉讼领域被称之为"管辖权异议"，是民事诉讼中较为常见的问题，是指民事诉讼当事人向受诉法院提出，该法院无管辖权的主张。一般来说，管辖权异议由被告或者有独立请求权的第三人提出。

（二）法院裁判的理由

山东省德州市××县人民法院依据《中华人民共和国侵权责任法》和《城市居住区规划设计规范》的规定，审查被告的行为是否违反了相关法律和行政规定，是否侵犯了原告的权益。依据中华人民共和国建设部《城市居住区规划设计规范》5.0.2条，住宅间距应以满足日照要求为基础，综合考虑采光、通风、消防、防灾、管线埋设、视觉卫生等要求确定。

法院认为，被告承建的××小区，是在××县旧城改造的基础上建设的，该小区经相关部门审批后在具备建设条件的前提下开工建设，有规划许可和建设许可，开工前对周围环境经过了日照分析，从日照分析报告也可以看到，本案原告不在分析报告确认的影响日照范围内，故不存在原告主张的光污染问题。

而诉讼中原告提交的证据也是自己测量得出的，未经鉴定机构鉴定。被告质证对此不予认可，因此，仅凭原告现有的证据尚不能确认原告主张的被告建筑物对原告的影响符合法定的侵权赔偿标准。

（三）法院裁判的法律依据

《中华人民共和国物权法》

第三十五条 妨害物权或者可能妨害物权的，权利人可以请求排除妨害或者消除危险。

第八十四条 不动产的相邻权利人应当按照有利生产、方便生活、团结互助、公平合理的原则，正确处理相邻关系。

《中华人民共和国民事诉讼法》

第五十五条 对污染环境、侵害众多消费者合法权益等损害社会公共利益的行为，法律规定的机关和有关组织可以向人民法院提起诉讼。

第六十四条 当事人对自己提出的主张，有责任提供证据。

当事人及其诉讼代理人因客观原因不能自行收集的证据，或者人民法院认为审理案件需要的证据，人民法院应当调查收集。

人民法院应当按照法定程序，全面地、客观地审查核实证据。

《城市居住区规划设计规范》

5.0.2 住宅间距，应以满足日照要求为基础，综合考虑采光、通风、消防、防灾、管线埋设、视觉卫生等要求确定。

（四）上述案例的启示

本案中，原告针对光污染侵害的举证不够充分，提交的是自己的测量结果，而非经过司法鉴定具有相当效力的测量结果。被告据此质证，称原告所提的光污染问题缺乏证据支持，其承建的小区符合建筑工程施工规范，不存在光污染问题。最终人民法院判决驳回原告的诉讼请求。

举证不充分、未经司法鉴定是原告败诉的主要原因之一。这提醒我们，在环境侵权，尤其是光污染引起的环境侵权案件中，司法鉴定往往起着不可忽略的重要作用。通过司法鉴定这一途径取得的结果具有较强的效力，也具有相当的专业性，可以充分解决光污染"举证难"的问题，因此，面对光污染侵权问题时，应当聘请专业的司法鉴定机构进行鉴定，从而更好地维护自己的权利，尽快消除光污染造成的影响。

案例十二　不锈钢栅栏反光，邻居不满打官司

一、引子和案例

（一）案例简介

该案是因为不锈钢铁栅栏反光形成光污染引起的。

原告杨某，家住上海市浦东新区潍坊六村 ×× 号 203 室房屋；被告张某，家住上海市浦东新区潍坊六村 ×× 号 103 室房屋。

2013 年 10 月，被告未经有关部门批准，擅自在其 103 室天井内搭建不锈钢铁栅栏框架覆盖于整个天井，该搭建物距原告 203 室房屋窗沿过近，他人站在框架顶部很容易进入原告房屋，影响原告及家人的生命财产安全，并侵犯原告隐私。下雨天雨水滴在框架上产生的杂乱噪声，亦影响原告及家人的正常休息，特别是晚上，原告夫妇是老年人受噪声影响，根本无法入睡；白天，太阳光照在框架上，反射光非常强烈，对原告造成光污染。被告搭建前后，原告多次与被告交涉，居委会、物业、城管、警方也多次劝被告不要搭建，物业亦出具了违规行为整改通知书，均遭被告无理拒绝，为此诉至法院，要求判令被告拆除搭建于 103 室房屋南面天井内的不锈钢铁栅栏框架。

被告认为原告主张噪声污染太过主观，无任何依据，自然界刮风

下雨不能避免,即使雨点落在地上也有声音,反光也是在所难免,不能归因于搭建的栅栏框架,且反光也并不严重。被告在搭建之前与原告多次沟通,提出多种方案,如由被告出资为原告加装防盗窗或进行货币补偿,但原告均不同意。故被告不同意拆除,要求驳回原告的诉讼请求。

(二)裁判结果

法院认为,不动产的相邻各方,应当正确处理通行、通风等方面的相邻关系,给相邻方造成妨碍的,应当排除妨碍。法院至现场勘查后认为,不锈钢铁栅栏导致的反光和雨水噪声问题并不严重,且目前没有相关的规定可以据此支持原告的诉讼请求。被告在 103 室天井内搭建的不锈钢铁栅栏框架距 203 室两间卧室窗台上沿分别仅约 1.2 米和 1.4 米,距离过近,他人通过该结构框架进入原告房屋的风险性较高,给原告造成安全隐患。因此,原告关于被告拆除不锈钢铁栅栏框架的要求,法院予以支持。据此,依照《中华人民共和国民法通则》第八十三条规定,判决被告张某应于本判决生效之日起十五日内拆除上海市浦东新区潍坊六村 ×× 号 ×× 室南面天井内搭建的不锈钢铁栅栏框架。

与案例相关的问题

光污染对视觉有什么危害?

怎样保证民事案件的执行?

什么是隐私权?

什么是调解?

怎样进行调解?

二、相关知识

问: 光污染对视觉有什么危害?

答: 光污染可对人眼的角膜和虹膜造成伤害, 抑制视网膜感光细胞功能的发挥, 引起视疲劳和视力下降。如果长时间受到强光刺激, 会使得眼部充血、水肿, 对视力产生巨大的危害。

三、与案件相关的法律问题

(一) 学理知识

问: 怎样保证民事案件的执行?

答: 根据 2017 年修订的《中华人民共和国民事诉讼法》第二百四十二条规定:"被执行人未按执行通知履行法律文书确定的义务, 人民法院有权向有关单位查询被执行人的存款、债券、股票、基金份额等财产情况。人民法院有权根据不同情形扣押、冻结、划拨、变价被执行人的财产。人民法院查询、扣押、冻结、划拨、变价的财产不得超出被执行人应当履行义务的范围。"第二百四十四条规定: "被执行人未按执行通知履行法律文书确定的义务, 人民法院有权查封、扣押、冻结、拍卖、变卖被执行人应当履行义务部分的财产。但应当保留被执行人及其所扶养家属的生活必需品。"以上规定, 可以很好地保障民事案件的执行。为了彻底根除拒不执行的"老赖"现象, 法院可以限制其高消费、出入境以及子女的学校就读等情况, 一旦被拉入征信系统的黑名单, 就很难再有翻身的余地。因此, 保障民事裁判得以顺利执行, 不仅是对受损害方权利的救济, 更是对侵害方个人信誉的考验。

问: 什么是隐私权?

答：隐私权指的是公民有权对其个人生活保持秘密的，不向家庭成员以外的第三人公开的状态，其核心是反对第三人对个人生活的侵扰。《中华人民共和国侵权责任法》第二条规定："侵害民事权益，应当依照本法承担侵权责任。本法所称民事权益，包括生命权、健康权、姓名权、名誉权、荣誉权、肖像权、隐私权、婚姻自主权、监护权、所有权、用益物权、担保物权、著作权、专利权、商标专用权、发现权、股权、继承权等人身、财产权益。"

问：什么是调解？

答：通俗意义上的调解是指双方或多方当事人就争议的实体权利、义务，在人民法院、人民调解委员会及有关组织的主持下，自愿进行协商，通过教育疏导，促成各方达成协议、解决纠纷的办法。《中华人民共和国人民调解法》第二条规定："本法所称人民调解，是指人民调解委员会通过说服、疏导等方法，促使当事人在平等协商基础上自愿达成调解协议，解决民间纠纷的活动。"并且在第六条规定："国家鼓励和支持人民调解工作。县级以上地方人民政府对人民调解工作所需经费应当给予必要的支持和保障，对有突出贡献的人民调解委员会和人民调解员按照国家规定给予表彰奖励。"

问：怎样进行调解？

答：根据我国相关法律法规的规定，当事人可以向人民调解委员会申请调解，人民调解委员会也可以主动调解。但是当事人一方明确拒绝调解的，不得调解。基层人民法院、公安机关对适宜通过人民调解方式解决的纠纷，可以在受理前告知当事人向人民调解委员会申请调解。人民调解委员会根据调解纠纷的需要，可以指定一名或者数名人民调解员进行调解，也可以由当事人选择一名或者数名人民调解员进行调解。人民调解员根据调解纠纷的需要，在征得当事人的同意后，可以邀请当事人的亲属、邻里、同事等参与调解，也可以邀请具有专门知识、特定经验的人员或者有关社会组织的人员参与调解。

（二）法院裁判的理由

法院认为，不动产的相邻各方，应当正确处理通行、通风等方面的相邻关系，给相邻方造成妨碍的，应当排除妨碍。被告在 103 室天井内搭建的不锈钢铁栅栏框架距 203 室两间卧室窗台上沿分别仅约 1.2 米和 1.4 米，距离过近，他人通过该结构框架进入原告房屋的风险性较高，给原告造成安全隐患。因此，原告要求被告拆除不锈钢铁栅栏框架，于法有据，法院予以支持。

（三）法院裁判的法律依据

《中华人民共和国物权法》

第九十条　不动产权利人不得违反国家规定弃置固体废物，排放大气污染物、水污染物、噪声、光、电磁波辐射等有害物质。

《中华人民共和国环境保护法》（1989 年版）

第四十一条第一款　造成环境污染危害的，有责任排除危害，并对直接受到损害的单位或者个人赔偿损失。

（四）上述案例的启示

相邻各方在行使权利时要考虑是否会损害影响相邻方利益，应当正确处理通行、通风、安全等方面关系，如果给相邻方造成妨碍的，应当避免或排除妨碍，否则会承担民事法律责任。本案中的被告在天井内搭建的不锈钢铁栅栏框架，与原告卧室窗台距离过近，不仅造成光污染，而且他人通过该结构框架会很容易进入原告房屋，给原告造成安全隐患。因此，原告要求被告拆除不锈钢铁栅栏框架的请求得到法院的支持。

案例十三 玻璃雨棚反光强，邻里之间起冲突

一、引子和案例

（一）案例简介

该案是因为雨棚反光形成光污染引起的。

原告都某，家住××市南山区后海滨路×苑×栋501号；被告张某，家住××市南山区后海滨路×苑×栋601号。

都某、张某所在的×栋为错层阳台，在双方发生争议的位置上，都某在其阳台上方固有的框架上加盖了一层玻璃，形成了一个玻璃雨棚，该玻璃雨棚紧挨被告飘窗下方。根据张某提交的照片，都某加盖的玻璃雨棚上确有积灰、积水及反光现象。其后，为抵消都某加盖雨棚造成的影响，张某在其飘窗外部搭建了一个不锈钢框架，框架上放置木质隔板，该隔板位于都某加盖的玻璃雨棚正上方，宽度大约为玻璃雨棚的一半。张某说搭建该隔板是为了种植植物，隔离都某玻璃雨棚上的灰尘、积水、臭味，以及防止玻璃雨棚反射的光线进入自己家中，所以认为应当由都某支付其搭建隔板所花的钱，都某认为这是无理取闹，双方争执不下，都某将张某告上法庭，请求法院判决张某拆除其隔板。张某提起反诉，认为都某搭建遮雨玻璃影响其生活，请求

法院判决拆除遮雨玻璃。

（二）裁判结果

依照《中华人民共和国民法通则》第八十三条,《中华人民共和国物权法》第八十四条、《中华人民共和国民事诉讼法》第六十四条第一款规定,判决双方拆除各自搭建的建筑。

与案例相关的问题

光污染会对神经系统造成怎样的危害?

什么是反诉?

反诉的管辖有例外情况吗?

什么是简易程序?

什么是本证和反证?

公众有什么环境权益?

二、相关知识

问:光污染会对神经系统造成怎样的危害?

答:光污染不仅会对视觉造成影响,造成近视和视网膜损伤,而且会对人的神经造成不利影响。许多人都有过这样的感受,夜晚的灯光太强,会令人根本无法入眠,长此以往,很多人都患上了神经衰弱和失眠症,甚至有的人因为作息不规律,患上了植物神经紊乱。因此,光污染会严重影响健康。

三、与案件相关的法律问题

（一）学理知识

问:什么是反诉?

答：反诉是指在正在进行的诉讼中，本诉的被告以本诉的原告为被告提起的诉讼。其存在的目的在于，通过反诉与本诉合并审理，减少当事人讼累，降低诉讼成本，便于判决的执行。根据《中华人民共和国民事诉讼法》规定，本诉的被告可以向本诉的原告提起反诉。反诉肇始于一千三百多年前的古罗马时期，由罗马法中的抵消抗辩发展而来，直到在历史的长河中被逐渐吸纳发展，并在现在法制社会中以反诉制度大放异彩。通常反诉的一般构成要件如下：

（一）本诉正在进行中，辩论终结前；

（二）反诉不属于其他法院专属管辖；

（三）反诉能够与本诉适用同一程序；

（四）反诉请求与本诉请求具有法律上的关联；

（五）反诉需由被告向本诉原告提起。

问：反诉的管辖有例外情况吗？

答：一般而言，反诉和本诉是在同一个审判程序中进行的，所以也就是由同一个法院来进行管辖，这是为了减少当事人的讼累。但有一些例外情况，例如涉及不动产确权案件、涉外案件等需要法院专属管辖的案件，仍然需要根据专属管辖的确定规则来进行，不能直接依据本诉的管辖法院来确定。

问：什么是简易程序？

答：我国民事诉讼法规定基层人民法院和它派出的法庭审理事实清楚、权利义务关系明确、争议不大的简单的民事案件，适用简易程序。当事人双方可以同时到基层人民法院或者它派出的法庭，请求解决纠纷。基层人民法院或者它派出的法庭可以当即审理，也可以另定日期审理。基层人民法院和它派出的法庭审理简单的民事案件，可以用简便方式随时传唤当事人、证人。简单的民事案件由审判员一人独任审理。人民法院适用简易程序审理案件，没有特殊情况，应当在立案之日起三个月内审结。

问：什么是本证和反证？

答：本证与反证的分类根据是证据与证明责任承担者的关系。所谓本证，是指在民事诉讼中负有证明责任的一方当事人提出的用于证明自己所主张事实的证据。所谓反证，是指没有证明责任的一方当事人提出的为证明对方主张事实不真实的证据。本证和反证与当事人在诉讼中是原告还是被告没有关系，而与证据是否由承担证明责任的人提出有直接关系。

问：公众有什么环境权益？

答：首先，每一个公民（自然人）对美好生活的追求是我们的生存本能，我们需要享受清洁空气，需要欣赏和置身于优美景观中，需要从原始自然中进行精神放松和享受，所以当公民的享受自然环境的权利被侵犯，公民当然可以进行维权活动。其次，公民对环境决策与行为有知悉权，即对可能对环境造成不良影响的政府或企业的决策以及行为有知情权。《中华人民共和国环境保护法》中就规定了公民、法人和其他组织依法享有获取环境信息、参与和监督环境保护的权利。最后，公民有建言权，公民、法人和其他组织对可能对环境造成不良影响的行为和决策有建议权，可以提出自己的建议和主张。

（二）法院裁判的理由

法院认为不动产的相邻各方，应当按照团结互助、公平合理的原则正确处理各方面的相邻关系，一方给相邻方造成妨碍或者损失的，应当停止侵害，排除妨碍，赔偿损失。

首先，从原告加盖雨棚的行为来看，原告未举证证明其加盖雨棚的行为履行了相关报建手续，即便如原告所述，小区内加盖雨棚的现象普遍存在，亦不能以此证明其加盖行为的合法性。原告加盖的雨棚紧挨被告飘窗，确实存在积灰、积水、反射光线的现象，对被告的居住环境造成了一定的不利影响，侵犯了被告的合法权益，应予拆除。其次，从被告搭建隔板的行为来看，被告擅自搭建隔板，对原告的采光、卫生以及居住安全造成一定的影响和隐患，其行为亦构成对原告合法权益的侵害，其搭建的隔板也应拆除。

（三）法院裁判的法律依据

《中华人民共和国民法通则》

第八十三条　不动产的相邻各方，应当按照有利生产、方便生活、团结互助、公平合理的精神，正确处理截水、排水、通行、通风、采光等方面的相邻关系。给相邻方造成妨碍或者损失的，应当停止侵害，排除妨碍，赔偿损失。

第一百二十四条　违反国家保护环境防止污染的规定，污染环境造成他人损害的，应当依法承担民事责任。

《中华人民共和国物权法》

第九十条　不动产权利人不得违反国家规定弃置固体废物，排放大气污染物、水污染物、噪声、光、电磁波辐射等有害物质。

（四）上述案例的启示

本案的启示有两点：

第一、不动产的相邻各方，应当按照团结互助、公平合理的原则正确处理各方面的相邻关系。一方给相邻方造成妨碍或者损失的，应当停止侵害，排除妨碍，赔偿损失。本案原告、被告加盖的雨棚和隔板给对方的居住环境造成了一定的不利影响，侵犯了对方的合法权益，应当停止侵害，排除妨碍。

第二、民事行为要履行相关法律报批手续。原告、被告加盖雨棚和隔板都未履行相关报建手续，即便小区内加盖雨棚的现象普遍存在，也不能证明原告和被告加盖雨棚行为的合法，都侵犯了对方的合法权益，应当排除妨碍，进行拆除。

第二部分　行政篇

案例一　新建筑影响采光，行政行为有瑕疵

一、引子和案例

（一）案例简介

该案是因为原告认为被告核发《建设工程规划许可证》的具体行政行为造成了严重光污染而引起的行政诉讼。

被告××市规划局××区规划分局于 2011 年 8 月 2 日向 B 公司核发了××大厦 1-8 层主体部位《建设工程规划许可证》。B 公司于 2014 年 2 月 27 日向被告××市规划局××区规划分局提出建设工程规划许可申请。被告审核后，于 2014 年 2 月 28 日向其核发了《建设工程规划许可证》，即本案被诉具体行政行为。原告 A 在起诉确认《建设工程规划许可证》违法的案件中得知被告作出了该具体行政行为，认为被告作出的具体行政行为侵犯了原告 A 的合法权益，造成了严重的光污染，并影响其正常的日照和采光，遂向法院提起行政诉讼，以诉称理由请求确认被告颁发的（2014）××建证申字 0007 号《建设工程规划许可证》违法。

（二）裁判结果

法院判决驳回原告 A 要求确认被告××规划局××区规划分局

于 2014 年 2 月 28 日颁发（2014）××建证申字 0007 号《建设工程规划许可证》违法的诉讼请求。

与案例相关的问题

什么是行政法律责任？

什么是抽象行政行为？什么是具体行政行为？

具体行政行为有哪些类型？

光污染真的有可能由行政行为引起吗？

哪些行政行为可能导致光污染的发生？

行政行为导致的光污染与民事侵权有何不同？

行政行为侵犯了我的权利，我该怎样救济？

二、相关知识

问：什么是行政法律责任？

答：根据法律关系主体的不同加以区分，法律责任可以分为民事责任、行政责任和刑事责任。

民事责任产生于平等的公民之间。刑事责任最为严厉，是国家代表全体人民对犯罪者的否定性评价。行政法律责任发生在公民与行政主体之间，是指因为违反行政法或因行政法规定而应承担的法律责任，包括行政处罚和行政处分。例如张某未经许可滥用玻璃幕墙造成严重的光污染，受到行政处罚，就是行政责任的一种。

三、与案件相关的法律问题

（一）学理知识

问：什么是抽象行政行为？什么是具体行政行为？

答：抽象行政行为是指行政主体非针对特定人、事与物所做出的具有普遍约束力的行政行为。它包括有关政府组织和机构制定的行政法规、行政规章、行政措施和具有普遍约束力的决定和命令。通俗点来讲，抽象行政行为大多数是行政机关做出的，适用于不特定多数人群的行政决定，也就是行使行政立法权的行为。例如我国某市政府（行政主体）为了减少城市光污染（针对整个城市的所有人，为不特定群体），出台了《城市夜间照明规范》《LED 灯具设备使用规范》（在这个城市内具有普遍约束力）等规范性文件。行使行政立法权，出台这些规范性文件，就是我们通常所说的"抽象行政行为"。

行政主体在行使国家行政管理时，除了制定普通性的行为规范，即实施抽象行政行为之外，更重要的是将普通性的行为规范，如行政机关和权力机关制定的有关行政管理的法律、法规具体地适用于现实生活当中，对具体的人或事产生影响，这种行政行为不同于抽象行政行为，行政法学理论上称之为"具体行政行为"。例如，环保局对企业因大楼外层玻璃幕墙导致光污染给予处罚，就是作出了一个具体行政行为。

问：具体行政行为有哪些类型？

答：具体行政行为有以下类型：

1. 行政处罚：行政处罚在社会中经常出现，是行政机关较常使用的方式，例如，对夜晚过度开放 LED 灯箱，影响附近居民休息，不听劝阻的行为，行政机关给予罚款，并限期整治的措施，就是一种行政处罚。实施行政处罚的主体、强度、手段等，必须严格依照《中华人民共和国行政处罚法》的规定。

2. 行政强制：是指行政机关为了实现行政目的，依据法定职权和程序做出的对相对人的人身、财产和行为采取的强制性措施。例如，某企业夜间为了使广告牌更醒目，使用亮度极高的照明灯具，造成了严重的光污染，行政机关作出了限期拆除的决定并予以执行，就是一种"对物"的行政强制。同样，实施行政强制的主体、强度、手段等，必须严格依照《中华人民共和国行政强制法》的规定。

3. 行政许可：是指在法律一般禁止的情况下，行政主体根据行政相对方的申请，经依法审查，通过颁发许可证、执照等形式，赋予或确认行政相对方从事某种活动的法律资格或法律权利的一种具体行政行为。例如，某建设工程公司在某块建设用地上意图进行建筑建设，在建设之前需要拿到关于施工资质、采光日照等多环节的认定，这种行政机关对公民、组织的一定行为的认可，就是行政许可。行政许可的范围、审查均要严格依照《中华人民共和国行政许可法》的规定进行。

问：光污染真的有可能由行政行为引起吗？

答：当然有可能。例如某区政府批准某建筑商于某地建设商用建筑，并允许使用玻璃幕墙。后该建筑建成后玻璃幕墙造成了光污染，建商固然有责任，但政府部门的责任亦不可小觑。此例便是由行政许可导致的光污染，因此，行政行为当然可能导致光污染。

问：哪些行政行为可能导致光污染的发生？

答：具体行政行为与行政立法行为均可以成为光污染的推手。具体行政行为中，错误的、违法的行政许可是导致光污染的最主要的原因。此外，如果在进行光污染相关立法之前进行的调研不充分，得到了错误的结果，其立法成果（抽象行政行为）自然也会导致光污染的产生。

问：行政行为导致的光污染与民事侵权有何不同？

答：光污染的民事侵权是由光污染的违法行为所导致的，违法性是其重要的构成要件。而行政行为导致的光污染，由于行政行为的特殊性，在撤销、变更该行政行为之前，并没有"违法性"行为存在，一切都是"适法"的，这就是二者的不同之处。

问：行政行为侵犯了我的权利，我该怎样救济？

答：如果是行政许可行为导致的光污染，可以进行行政复议，也可以进行行政诉讼，但二者不能同时进行。

（二）法院裁判的理由

在本案中，法院驳回了原告的诉讼请求。根据《××市城乡规划条例》第六条第三款的规定，被告是在××市规划局的领导下，负责××区区域内规划管理工作的区、县城乡规划主管部门。依据该条例第五十三条的规定，被告具有核发建设工程规划许可证的法定职责。第三人持使用土地的有关证明文件、审定的总平面设计方案、审定的建设工程施工方案等需要提供的材料，向被告申请办理建设工程规划许可证，符合该条例第五十四条的规定。被告依据 B 公司的申请在二十个工作日内完成审核，并核发建设工程规划许可证符合该条例规定的法定程序和《××市城市规划管理技术规定·建筑管理篇》的技术规范要求，应认定该具体行政行为合法，遂驳回原告的诉讼请求。因 B 公司在向被告提交材料申请办理该建设工程规划许可证明，以建设工程测量技术报告替代了建设工程规划放线测量技术报告，故被告以此技术报告为要件进行审核并核发建设工程规划许可证存在一定瑕疵，属于轻微违法行为。

（三）法院裁判的法律依据

《中华人民共和国行政诉讼法》

第七十四条第二款 行政行为有下列情形之一的，人民法院判决确认违法，但不撤销行政行为：

（一）行政行为依法应当撤销，但撤销会给国家利益、社会公共利益造成重大损害的；

（二）行政行为程序轻微违法，但对原告权利不产生实际影响的。

（四）上述案例的启示

在本案例中，受害人起诉建筑开发商，诉称其建筑影响了其住宅的日照采光并造成了严重的光污染，要求承担损害赔偿责任，但在庭审中被告开发商拿出了建设施工许可证，证明其建筑施工行为完全合法有效，受害人在民事赔偿上只得铩羽而归。在这种情况下，受害人可以将责任归属追诉行政机关颁发的许可证（也就是行政许可）上，提起行政诉讼，通过请求法院确认该许可证无效来维护自己的权利。

案例二　饭店形成光污染，邻居不满打官司

一、引子和案例

（一）案例简介

该案是原告认为小吃店夜间照明设备亮度过高，且存在 LED 灯箱光线散射，造成严重的光污染问题，将××工商行政管理局××分局起诉到法院的行政诉讼案件。

本案第三人廖某在××市××街××小区住宅楼 2 栋 2 单元101 室开设个体工商户××市城中区××小吃店，于 2015 年 5 月 8日到××市工商行政管理局××分局办理设立登记。廖某向被告提交了个体工商户设立登记申请书、盖有××市××区××社区居民委员会印章的经营场所登记表等相关材料。被告受理后，对廖某提交的申请材料进行了形式审查。经审查，认为廖某提供的材料齐全，符合法定形式，故于 2015 年 5 月 13 日向其核发了营业执照。原告江某、张某系××市××街××小区住宅楼 2 栋 2 单元的居民，原告认为第三人廖某的夜间经营活动影响了本单元居民的生活。原告主张其小吃店夜间照明设备亮度过高，且存在 LED 灯箱光线散射，造成严重的光污染，此外还经常有烟雾和噪声干扰。廖某将住宅改变为经营性用

房，并未征得利害关系业主的同意，据此，对被告核发营业执照的行政行为不服，遂诉至法院。

（二）裁判结果

法院认为，被告作出的登记行为依据充分，原告要求撤销该登记，法院不予支持。依照《中华人民共和国行政诉讼法》第六十九条的规定，判决如下：驳回原告江某、张某的诉讼请求。

与案例相关的问题：

因行政行为导致的光污染，有什么救济途径？

什么是行政法律关系？

行政法上的主体包括哪些？

什么是行政相对人？包括哪些？

什么是行政机关？

什么是光污染导致的行政诉讼？

什么是光污染导致的行政复议？

行政复议和行政诉讼有什么共同之处？

行政诉讼和行政复议有什么区别？

二、相关知识

问：因行政行为导致的光污染，有什么救济途径？

答：某些具体行政行为引发光污染的行政诉讼，有些是因为政府审批不严格，错误地给建筑商颁发了许可证，从而引发了光污染；有些则是因为行政上的不作为，对经过举报后的、造成光污染的行为人不闻不问。这些都很有可能使得公民和政府之间"对簿公堂"。因此，当光污染确实因为政府的某些具体行政行为引起时，受害人（在行政法上通常叫作相对人或第三人）不仅可以选择和政府"对簿公堂"（行政诉讼），还可以让上级政府"评评理"（行政复议），二者原则上不得同时提起，究竟进入哪种程序，有赖于受害人的自主选择。

三、与案件相关的法律问题

（一）学理知识

问：什么是行政法律关系？

答：行政法律关系是指受行政法律规范调整的，因行政活动（例如政府的管理行为）而形成、引发的各种权利义务关系。

问：行政法上的主体包括哪些？

答：行政法上的主体指参加行政法律关系，享有权利，承担义务的当事人。行政法上的主体包括行政机关、行政相对人和行政第三人。

问：什么是行政相对人？包括哪些？

答：行政相对人是指行政管理法律关系中与行政主体相对应的另一方当事人，即行政主体的行政行为影响其权益的个人或组织。通俗地讲，行政相对人就是直接被政府管理、服务的主体，主要包括公民和各类组织。

问：什么是行政机关？

答：行政机关，通常简称"政府"，是国家机构的基本组成部分，是依法成立的行使国家行政职权的行政组织，包括政府以及有关功能部门。我国的行政机关就是各级人民政府，共分为国家级、省级、市级、区县级和乡镇级五级。

问：什么是光污染导致的行政诉讼？

答：所谓行政诉讼是指公民、法人或非法人组织认为行政主体以及法律法规授权的组织做出的行政行为侵犯其合法权益而向法院提起的诉讼。在《中华人民共和国行政诉讼法》中，政府机关因为是掌握国家权力的强大一方，公民是较为弱小的一方，二者在法律地位上并不平等，这就有别于"民事诉讼"之中当事人地位平等的特征。行政诉讼这样的特征决定了行政机关永远恒定为被告，只有在某些情况下，比如行政机关需向法院申请行政强制执行时可能做原告之外，在法庭审理程序之中，政府只能坐在"被告席"。但在具体的程序上，与民事诉讼并无大的差别，仍然是首先调查双方基本情况（原被告及诉讼代理人的信息），其次是进行庭审调查（出示各种证据的环节），再次是进行法庭辩论（双方进行攻防），最后法庭进行宣判（择日宣判或者当庭宣判）。

问：什么是光污染导致的行政复议？

答：所谓行政复议是指公民、法人或者其他组织不服行政主体作出的具体行政行为，认为行政主体的具体行政行为侵犯了其合法权益，依法向法定的行政复议机关提出复议申请，行政复议机关依法对该具体行政行为进行合法性、适当性审查，并作出行政复议决定的行政行为。通俗点说，就是请求复议机关给"评评理"。这里所说的"复议机关"，一般是指做出行政行为机关的上级行政机关（例如，海淀区政府的上级政府是北京市政府），在少数情况下为原机关。行政复议相对于行政诉讼更"接地气"，因为上级行政机关对下级行政机关，原本就是"领导与被领导"的关系，有"监督"的成分在其中。而行政诉讼涉及法院和政府两个主体，分属司法权和行政权，能够进行的救济并不是最天然的。

问：行政复议和行政诉讼有什么共同之处？

答：行政复议和行政诉讼都是处理、解决公民和政府之间的行政纠纷的制度，均是对行政相对人在受到公权力侵害时的救济手段。行政复议和行政诉讼虽然不得同时提出，但相对人在行政复议后对复议结果仍然不服的，可以继续提起行政诉讼。

问：行政诉讼和行政复议有什么区别？

答：首先是受理机关不同。行政诉讼由人民法院受理；行政复议由复议机关受理（通常是做出行政行为机关的上级机关）。

其次是审查方式不同。行政诉讼仅审查受诉行政行为的合法性（是否合法），不能审查其合理性（是否适当），盖因对行政行为合理性的认定有赖于行政机关在实施具体行政行为时做出的自由裁量，归属行政权的范围，法院的司法权无权干涉；而行政复议则可以同时审查受诉行政行为的合法性和合理性，盖因复议机关也是行政机关，具有行政权，可以审查合理性，又因为行政行为合法性是合理性的基础，没有合法性就无从讨论合理性，因此行政复议同时审查受诉行政行为的合法性和合理性。

再次是审查对象不同。行政诉讼只能审查具体行政行为，抽象行政行为不属于行政诉讼的受案范围；而在行政复议中，申请人可以对较低层级的"规范性文件"（抽象行政行为）提起附带审查。

最后是做出的裁决不同。行政诉讼只能宣告受诉行政行为无效或者将其撤销，不能直接变更受诉具体行政行为，否则司法权就会逾越到行政权的框架下；行政复议不仅可以宣告受诉行政行为无效或将其撤销，也可以直接变更受诉行政行为。

（二）法院裁判的理由

在本案中，法院驳回了原告的诉讼请求。

廖某在申请办理设立登记时材料齐全，原告认为廖某没有征得利害关系业主的同意，因此，被告不应该向其核发营业执照。从对被告的审查来看，廖某提交的住所（经营场所）登记表上有 ×× 市 ××

区××社区居民委员会的盖章确认，此章从形式上已经确认了第三人已经征得了有利害关系业主的同意，而《××省企业住所和经营场所登记管理办法》第九条的规定也明确了居民委员会亦是可以出具同意证明的机构之一，因此，被告在此情况下，通过形式审查，认定第三人申请所提交的材料齐全并符合形式要求并无错误。此外，原告所提交征求意见表、表决结果等为颁证后采取的一系列行为，均不能证实被告在发证当时第三人廖某是不符合法定条件的，因此，也不符合《个体工商户登记管理办法》第二十八条规定的可撤销登记的情形。

（三）法院裁判的法律依据

《中华人民共和国行政处罚法》

第六条第一款　公民、法人或者其他组织对行政机关所给予的行政处罚，享有陈述权、申辩权；对行政处罚不服的，有权依法申请行政复议或者提起行政诉讼。

《中华人民共和国行政诉讼法》

第二条第一款　公民、法人或者其他组织认为行政机关和行政机关工作人员的具体行政行为侵犯其合法权益，有权依照本法向人民法院提起诉讼。

《中华人民共和国行政复议法》

第二条　公民、法人或者其他组织认为具体行政行为侵犯其合法权益，向行政机关提出行政复议申请，行政机关受理行政复议申请、作出行政复议决定，适用本法。

（四）上述案例的启示

住宅用房屋是指非商业用途仅供人居住生活使用的房屋，这并不是说不能将其用途进行修改，而是要符合相应的一些条件。首先，"住改商"需要不存在法律法规的禁止性规定；其次，住改商需要得到包括本栋住宅楼内的所有利害关系业主的同意。二者缺一不可，即使法律没有禁止性规定，但如果业主没有完全同意，也是需要承担法律责任的，因为这是不尊重其他业主的表现，是没有妥善处理邻里关系和相邻权的表现。在本案中，廖某提交的住所（经营场所）登记表上有××市××区××社区居民委员会的盖章确认，此章从形式上已经确认了第三人已经征得了有利害关系业主的同意，所以，其"住改商"是合法的。

案例三　向政府机关举报，不满结果打官司

一、引子和案例

（一）案例简介

这个案件是因为向有关部门举报违章建筑在夜间造成严重光污染和噪声问题，未取得满意的解决结果而引起的行政诉讼。

2016 年 9 月，原告张某向被告书面举报 ×× 音乐学院家属院 1 号楼下商铺"××"摄影公馆未经辖区内规划、消防、房管、城管、市容等执法部门的批准，在一至四楼临街商铺外立面修建违章建筑，并在夜间造成严重光污染和噪声污染的问题。被告收到原告提交的举报材料后，进行了现场调查，认定原告举报反映的问题属实，其主体未取得规划及相关手续。被告遂于 2016 年 9 月 26 日致函 ×× 城管局，称根据《×× 市人民政府办公厅关于印发 ×× 市规划局主要职责内设机构和人员编制规定的通知》（市政办发〔2015〕79 号）和《×× 市人民政府办公厅关于印发 ×× 市城市管理局主要职责内设机构和人员编制规定的通知》（市政办发〔2015〕82 号）文件精神将举报材料转交给 ×× 城管局处理。后被告于同日电话告知原告这一处理情况，同时告知原告可向 ×× 城管局咨询和进一步反映。原告认为被告并未履

行法定职责，属于不作为，故诉至法院请求被告履行法定职责。

（二）裁判结果

法院认为，行政机关应当依法履行职权。"市政办发〔2015〕79号"文件中关于城市规划区内违法建筑查处工作职责分工规定如下："城管执法部门负责城市规划区内违法建筑日常巡查、监管，以及具体行政执法工作。规划部门负责城市规划区内违法建筑认定并提出处理意见，参与违法建筑查处行政执法工作。"且"市政办发〔2015〕82号"中也有相同规定。本案被告依据以上文件精神，及时致函××城管局，将原告的举报材料一并转至该局。同日又将该处理情况电话告知原告，已经履行了事权告知和说明理由的义务。故原告申请被告履行法定职责的理由不能成立，诉讼请求于法无据，法院不予支持。依照《中华人民共和国行政诉讼法》第六十九条之规定，判决驳回原告张某的诉讼请求。

与案例相关的问题

如何判断侵扰光的严重程度？

光污染问题主要由政府的哪些部门负责？

公务员是不是行政主体？他作出的处理结果有没有法律效力？

投诉光污染问题，政府要不要审查后再受理？

有关光污染的行政诉讼和民事诉讼关系如何处理？

有关光污染的民事诉讼和行政诉讼，在保障权益方面哪个更有利？

什么是国家赔偿？可以申请国家赔偿的情形究竟有哪些？

二、相关知识

问：如何判断侵扰光的严重程度？

答：侵扰光的严重程度取决于夜晚进入室内光线的强度，可以以住宅窗面夜晚的"照度"进行量化衡量，这也是国际通行的评估侵扰光情形的主要标准。国际照明委员会（CIE）从暗到亮制定了四个环境分区作为室外光环境的分类准则，提出了建议限制户外照明的具体标准，如下表所示：

指标	内容	环境区域			
		E1	E2	E3	E4
垂直面上的照度（lx）	深夜时段前	2	5	10	25
	深夜时段，23:00-6:00	0	1	2	5

三、与案件相关的法律问题

（一）学理知识

问：光污染问题主要由政府的哪些部门负责？

答：光污染自然也是污染，主要由环保部门负责处理已经生成的光污染。如果认为造成光污染的建筑物，其建设许可是违法的，则应当直接将责任归属指向审批建设工程许可的住建部门。

问：公务员是不是行政主体？他作出的处理结果有没有法律效力？

答：公务员有多重身份，当其在工作期间处理权限、职责范围内的事项时，是行政主体，做出的处理结果具有法律效力。而当他作为公民时，并没有权限和职责作出行政事项，因此并不具有法律效力。

问：投诉光污染问题，政府要不要审查后再受理？

答：不需要。行政行为分为依申请的行政行为和依职权的行政行为。只有依申请才处理的行政行为政府才需要进行审查判断，而处理环境污染问题，是政府环保部门的法定职权，必须要履行，不履行就会构成不作为，因此政府部门不得以各种借口拒绝处理公民对光污染的投诉。

问：有关光污染的行政诉讼和民事诉讼关系如何处理？

答：通常来讲，受害人在面对光污染侵权时，首先会想到提起民事诉讼，因为这是最典型的民事侵权关系（或物权关系纠纷）。只要提出有力的证据，就可以达到自己的诉讼目的。但有些时候，问题并不只出现在光污染的行为人身上，尤其是在很多情况下，行政机关错误地，甚至是违法地向建设工程公司颁发了准予施工的许可证，最后导致了受害人家中产生了光污染或者严重影响日照的情形。此时，如果受害人仍然提起民事诉讼，起诉建筑商进行赔偿并消除光污染，被告建筑商会拿出政府下发的建筑施工许可证进行反驳，主张自己并没有任何违法行为的存在，受害人就会因此败诉，得不到救济。很显然，这样的问题出在哪里呢？就是出在了那张许可证上！这时候，当事人可以针对这样错误的、违法的行政许可提起行政诉讼或者申请行政复议，维护自身的权益。

因此，光污染的民事诉讼和行政诉讼各是针对不同的情况而产生的，二者相互平行，不可替代。"打了民事的官司就不能再打行政官司"这种想法是错误的。

问：有关光污染的民事诉讼和行政诉讼，在保障权益方面哪个更有利？

答：二者各有各的诉讼价值，但哪种诉讼对当事人权益的保障更为有利就是另一个值得分析的问题了。对光污染受害人保障最为周严的，自然当属民事诉讼无疑，行政诉讼只有在上述"滥用行政许可"的情形下才能作为受害人最后的"救命稻草"。

首先，目前我国的行政诉讼，由于诸多因素使得公民的胜诉率较低。在实行"立案登记制"之前，很多受害人甚至无法成功立案，更不用说在未来的庭审中获得胜利。

其次，是因为行政诉讼周期长，诉讼烦琐。不同于民事诉讼具有简易程序和小额程序的特别规定，行政诉讼只有最为严格和烦琐的普通程序。有些行政案件甚至要等2到3年才能得到一个判决结果，这对缓不济急的受害人而言，无疑是一种巨大的讼累。

最后，即使受害人在成功立案之后，忍受住了巨大的、长时间的诉讼压力并且最终获得了胜利，原行政行为被撤销，当事人也不一定能获得国家赔偿；即使可以获得国家赔偿，赔偿标准也是远远低于民事诉讼。因此，在可能的情况下，应优先选择民事诉讼作为救济自身权利的途径。

问：什么是国家赔偿？可以申请国家赔偿的情形究竟有哪些？

答：国家赔偿是指国家机关及其工作人员因行使职权给公民、法人及其他组织的人身权或财产权造成损害，依法应给予的赔偿。由于《中华人民共和国国家赔偿法》规定中存在一些限制，纵使受害人打赢了行政诉讼的官司，也不见得能够得到国家赔偿，这是因为国家赔偿责任在构成上有诸多要素，其中最重要的就是"国家赔偿的范围"这样一个限制性规定。

根据《中华人民共和国国家赔偿法》的规定，"国家赔偿"分为"行政赔偿"和"刑事赔偿"两种，后者不在这里探讨。对于"行政赔偿"而言，《中华人民共和国国家赔偿法》在第三条和第四条两条正向规定了国家进行行政赔偿的范围，分别对应侵犯人身权和侵犯财产权的情形，同时在第五条做出了"不予赔偿情形"的反向规定，亦值得注意。

（二）法院裁判的理由

本案法院驳回了原告的诉讼请求。法院认为：行政机关应当依法履行职权。但本案被告已履行了职责，故原告申请被告履行法定职责的理由不能成立，其诉讼请求于法无据，法院不予支持。

（三）法院裁判的法律依据

《中华人民共和国行政诉讼法》

第六十九条　行政行为证据确凿，适用法律、法规正确，符合法定程序的，或者原告申请被告履行法定职责或者给付义务理由不成立的，人民法院判决驳回原告的诉讼请求。

《中华人民共和国国家赔偿法》

第四条　行政机关及其工作人员在行使行政职权时有下列侵犯财产权情形之一的，受害人有取得赔偿的权利：

（一）违法实施罚款、吊销许可证和执照、责令停产停业、没收财物等行政处罚的；

（二）违法对财产采取查封、扣押、冻结等行政强制措施的；

（三）违法征收、征用财产的；

（四）造成财产损害的其他违法行为。

（四）上述案例的启示

在绝大多数的行政案件里，法院无法直接判决变更受诉具体行政行为，这是因为司法权不能僭越到行政权和立法权的权力框架内，这是最基本的制度思想。这也就解释了为什么法院不能直接宣判变更受诉行政行为。但依据《中华人民共和国行政诉讼法》第七十七条就规定了，在行政处罚明显不当的情况下，法院可以直接判决变更该处罚，这是因为"显失公平"已经超越了"合理性"的范畴，达到了"合法性"探讨的领域，通常，"显失公平"就是"严重的不合理"，行政法会将其直接视作"不合法"，这就存在法院判决变更的余地了。

案例四　新建筑影响住户，向法院提起诉讼

一、引子和案例

（一）案例简介

该案是因改扩建后的建筑物造成了光污染等问题，原告请求法院撤销被告的《建设工程规划许可证》的行政诉讼。

原告高某，不服被告 B 市规划和国土资源管理委员会出的建设工程规划许可，向 B 市 C 区人民法院提起行政诉讼。A 有限责任公司（以下称第三人）与本案被诉行政行为有法律上的利害关系，法院依法通知该公司作为第三人参加诉讼。

原 B 市规划委员会于 2013 年 6 月 5 日核发〔2013〕规建字 0036 号《建设工程规划许可证》，许可第三人在 C 区新源南路 8 号从事小区项目建设。

原告诉称，原告居住于 B 市 C 区 × × 小区 × × 楼 × 门 × 号。2012 年位于原告正南向的 × × 饭店在原有六层建筑用地上改扩建为自东向西各自独立的多栋建筑。改扩建后的建筑物造成了严重的光污染，且影响了原告的日照、采光、通风、隐私等合法权益。故诉请法院撤销被告于 2013 年 6 月 5 日核发的〔2013〕规建字 0036 号《建设

工程规划许可证》。

原告在法庭指定期限内向 B 市 C 区人民法院提交如下证据材料：

1.《B 市公有住宅租赁合同》，证明原告居住在 ×× 小区 ×× 楼 × 门 × 号，与本案被诉行政行为具有利害关系，是适格主体；

2. 原告拍摄的照片两张，证明涉案建设对原告居住的楼房造成了严重的光污染。

被告辩称，该项目建设单位提交的申请材料齐全，内容符合城乡规划法律法规，遂作出本案被诉行政许可行为。

关于原告的诉讼理由，被告认为：

1. 本案项目已进行了现场及网上公示，并对现场公示事项进行了公证。通过公示征求了相关利害关系人的意见，符合城乡规划相关法律法规的规定；

2. 本案第三人已委托中国建筑设计研究院进行了日照测算，结论为本案项目的设计方案符合国家日照标准，光照程度也未达到光污染的标准。

（二）裁判结果

B 市 C 区人民法院认为原 B 市规划委员会在履行了法定程序，进行法定审查后实施的被诉建设工程规划许可行为，不违反法律、法规规定，原告要求撤销建设工程规划许可行为的诉讼理由不能成立。故此，判决驳回原告高某要求撤销原 B 市规划委员会核发的〔2013〕规建字 0036 号《建设工程规划许可证》的诉讼请求。

与案例相关的问题

行政机关也可以承担法律责任吗？

行政行为包括几层含义？

行政行为有什么特点？

上海市政府针对光污染问题出台的《城市夜间照明规范》是否为"抽象行政行为"？

对造成光污染的企业做出行政处罚，要求其拆除玻璃幕墙的行为是否为"具体行政行为"？

"抽象行政行为"与"具体行政行为"的区别有哪些？

二、相关知识

问：行政机关也可以承担法律责任吗？

答：可以。行政机关在法律上具有独立的人格。如果行政机关的行政行为违背了行政法则，应承担相应的法律责任。例如，政府的行政处罚不适当，则应当承担相应的法律责任。再比如，行政许可不适当，侵害了当事人的正当权益，则应当承担相应的法律责任。此外，行政机关也可能基于行政法的直接规定而承担相应的行政责任。

三、与案件相关的法律问题

（一）学理知识

问：行政行为包括几层含义？

答：行政行为指行政主体作出的能够产生行政法律效果的行为。行政行为的概念包括以下几层含义：

1. 行政行为必须为行政主体的行为；

2. 行政行为必须是行使行政管理权的行为；

3. 行政行为必须是能够产生行政法律效果的行为（行政权利义务关系）。

问: 行政行为有什么特点?

答: 行政行为的特点如下:

1. 法律从属性: 因为行政行为是执行法律的行为, 所以行政行为均须有法律根据, 行政机关不得在没有法律依据的情况下做出行政行为, 否则就是严重违法。

2. 裁量性: 行政机关在执法的过程中具备一定的自由裁量权, 在法定幅度范围里根据具体情况做出行政决定。

3. 单方意志性: 行政机关做出行政行为时不必与相对人协商或征得其同意。

4. 强制性: 行政行为是以国家强制力保障实施的。

5. 无偿性: 行政行为以无偿性为原则, 有偿性为例外。

问: 上海市政府针对光污染问题出台的《城市夜间照明规范》是否为"抽象行政行为"?

答: 在我国, 行政行为分为"具体行政行为"与"抽象行政行为"两种。其中抽象行政行为是指行政主体针对非特定的当事人做出的具有普遍约束力的行政行为, 通常包括行政机关制定的行政法规、规章及部分具有普遍约束力的决定、命令。例如, 上海市政府针对光污染问题出台了《城市夜间照明规范》, 像这样可以普遍适用于不特定多数人的规范性文件, 就是典型的"抽象行政行为"。

问: 对造成光污染的企业做出行政处罚, 要求其拆除玻璃幕墙的行为是否为"具体行政行为"?

答: 具体行政行为是指行政法上规定的有权主体就特定的具体事项, 做出涉及该公民、法人或者其他组织权利义务的单方行为。所谓的"具体", 指的是行政行为所指向的相对人是具体的。简而言之, 具体行政行为即是行政机关行使行政权力, 做出行政决定的行为。例如, 对造成光污染的企业做出行政处罚, 要求其拆除玻璃幕墙的行为, 或者说对企业做出罚款的决定，这些都是对特定的相对人做出的影响其权利义务的行为，都是具体行政行为。

问："抽象行政行为"与"具体行政行为"的区别有哪些？

答：一般来说，行政主体实施"抽象行政行为"制定规范性文件，而后实施"具体行政行为"将所制定的规范性文件具体地应用到社会现实中去，即将抽象的行为规范作用到具体的人或事件上。

虽然具体行政行为与抽象行政行为联系紧密，但二者也存在本质区别，表现在：

（1）实施行政行为的主体不同。实施具体行政行为的主体是各级行政机关及其委托的组织，而实施抽象行政行为的主体只能是国家最高行政机关及地方各级立法机关。

（2）具体行政行为可以引起行政诉讼，而抽象行政行为不能引起行政诉讼。

（二）法院裁判的理由

本案被告作为原市规划委员会权利义务的承继者，应承担原市规划委员会实施行政行为的行政责任。

《中华人民共和国行政许可法》第十六条第二款规定，地方性法规可以在法律、行政法规设定的行政许可事项范围内，对实施该行政许可作出具体规定。《北京市城乡规划条例》系根据《中华人民共和国城乡规划法》并结合 B 市实际情况，对城乡规划涉及事项作出的具体规定，亦应属于城乡规划行政主管部门实施建设工程规划许可行为的法规依据。而第三人的申请具备上述法律、法规规定的许可条件，其作出的被诉建设工程规划许可行为，符合法律、法规的规定。

关于该项目建成后对周边建筑的日照影响，法院认为，日照测算并不是实施建设工程规划许可的法定条件，建筑建成后对周边建筑的日照是否构成实际影响及影响的程度不属于本案对建设工程规划许可行为的审查范围。原告关于涉案建设项目对其隐私、通风等权利造成侵害，并对其造成光污染的主张，也缺乏有关证据支持。因此被诉的规划许可违法的主张不具有事实和法律依据，故驳回其诉讼请求。

（三）法院裁判的法律依据

《中华人民共和国行政许可法》

第四条　设定和实施行政许可，应当依照法定的权限、范围、条件和程序。

第十六条第二款　地方性法规可以在法律、行政法规设定的行政许可事项范围内，对实施该行政许可作出具体规定。

《中华人民共和国城乡规划法》

第四十条第一、二款　在城市、镇规划区内进行建筑物、构筑物、道路、管线和其他工程建设的，建设单位或者个人应当向城市、县人民政府城乡规划主管部门或者省、自治区、直辖市人民政府确定的镇人民政府申请办理建设工程规划许可证。

申请办理建设工程规划许可证，应当提交使用土地的有关证明文件、建设工程设计方案等材料。需要建设单位编制修建性详细规划的建设项目，还应当提交修建性详细规划。对符合控制性详细规划和规划条件的，由城市、县人民政府城乡规划主管部门或者省、自治区、直辖市人民政府确定的镇人民政府核发建设工程规划许可证。

（四）上述案例的启示

通过这一案例，我们可以清晰地发现，光污染侵权的隐患往往在建筑工程的施工、设计阶段就已经存在。案中原告就是因为周边大厦设计得不甚规范而饱受光污染的折磨。

　　本案情形在社会生活中并不罕见，建筑设计的不规范、日照测算的不严谨、玻璃幕墙等反光材料的选用，都会导致周边居民遭受到不同程度的光侵扰。

　　而负责审批建筑工程项目、发放建设工程施工许可证的行政部门，往往也因缺乏对光污染问题的防范意识，而在审批过程中忽略了光侵扰的严重性。

　　因此，若要真正防治光污染问题，建议行政机关在审批时将光污染问题纳入环境影响评价机制，这会是源头治理的一大利器。

案例五 光污染问题被处罚，原告不服提诉讼

一、引子和案例

（一）案例简介

该案是因为超市外墙所建广告牌，未按照规定审批进行施工，给相邻权人造成光污染等问题被处罚而引起的行政诉讼。

被告行政执法局于 2016 年 2 月 3 日作出长县行处字星沙中队四组〔2016〕第 ×× 号《行政处罚决定书》，以 A 超市外墙所建广告牌未按照规划审批进行施工，超出原规划宽 0.6 米，长 21.1 米，且采用铝塑材料给相邻权人造成了光污染等实质性不利影响，违反了《中华人民共和国城乡规划法》第四十三条第一款的规定，决定给予限期 15 日内拆除广告牌的行政处罚。

原告 A 超市不服，向长沙县政府申请行政复议。长沙县政府于 2016 年 6 月 23 日作出长县复决字〔2016〕第 7 号《行政复议决定书》，以行政执法局作出的行政处罚决定事实清楚，证据确凿，适用依据正确，程序合法，内容适当为由，维持了该《行政处罚决定书》。

原告 A 超市不服被告长沙县行政执法局行政处罚决定及被告长沙县人民政府行政复议决定，向湖南省长沙县人民法院提起行政诉讼。

原告诉称：行政执法局作出的〔2016〕第××号《行政处罚决定书》，认定广告牌超高且造成光污染与事实不符。因为，原长沙县城市管理和行政执法局曾在网上公布认定其改建行为合法的文件。

综上，原告 A 超市请求依法判决：

1. 撤销被告行政执法局作出的长县行处字星沙中队四组〔2016〕第××号《行政处罚决定书》；

2. 撤销被告长沙县政府作出的长县复决字〔2016〕第 7 号《行政复议决定书》。

被告行政执法局辩称，涉案《行政处罚决定书》及《行政复议决定书》程序合法、主体适当、证据充分、适用法律法规正确，未侵犯 A 超市的合法权益。

（二）裁判结果

法院经审理认为：

1. 原告商铺外墙的广告牌，经行政执法局多次调查了解，最终认定已明显超高，且已经对相邻权人造成了光污染等实质性的不利影响，该行政决定的作出符合实际情况。

2. 行政执法局已经得到了长沙县城乡规划局的明确复函：原告商铺外墙广告牌未按原规划审批要求施工，违反法律规定，应予以拆除。在作出拆除决定之前，行政执法局共进行了两次听证，规划局均出席进行了说明，可见拆除决定的作出符合法定的行政程序。

综上所述，法院驳回了原告请求撤销《行政处罚决定书》和《行政复议决定书》的诉讼请求。

与案例相关的问题

光污染与建筑物、构筑物材料的选择有什么关系？

如果对处罚不服，可以选择向人民法院提起行政诉讼吗？

除了行政处罚，还有那些"具体行政行为"？

行政处罚具体有哪些种类？是否可能被重复处罚？

对行政处罚决定的做出，法律有无要求？

针对行政处罚，行政相对人是否有权利要求听证？本案原告是否有权要求听证？

二、相关知识

问：光污染与建筑物、构筑物材料的选择有什么关系？

答：可以说绝大多数的光污染，都是由于建筑物、构筑物材料选择不适当而造成的。材料本身的反光系数越大，光线照射在该材料上的反光就越强烈。因此，如果构筑物选择的材料具备反光性能，就往往会造成一定程度的光侵扰。如果选择的材料反光系数很高，会造成很严重的光污染。因此，建筑物、构筑物材料的选择，是防治光污染的重要环节。

三、与案件相关的法律问题

（一）学理知识

问：如果对处罚不服，可以选择向人民法院提起行政诉讼吗？

答：行政处罚是典型的"具体行政行为"，是指行政机关或其他行政主体依法定职权和程序对违反行政法规但尚未构成犯罪的相对人给予行政制裁的一种行政行为。行政处罚是人们在社会中最常接触的一种行政行为。例如，本案原告就因其行为不规范而受到了行政机关的处罚。行政处罚是具体行政行为的一种，具有可诉性，因此行政处罚相对人如果对该处罚不服，可以选择向人民法院提起行政诉讼。

问：除了行政处罚，还有那些"具体行政行为"？

答：具体行政行为是指由行政机关对特定相对人做出的行政行为，除却行政处罚以外，典型的具体行政行为还包括行政许可、行政强制、行政给付、行政奖励数种。

问：行政处罚具体有哪些种类？是否可能被重复处罚？

答：我国行政法规定的行政处罚主要包括警告、罚款、没收违法所得、责令停产停业、暂扣或吊销许可证、暂扣或吊销营业执照、行政拘留以及驱逐出境等。因为行政处罚种类繁多、情形复杂，我国行政法规定了"一事不再罚"的原则，以防止不合理的重复处罚，具体来说就是：

1. 当事人的同一违法行为，只违反一个法律规范，不得给予两次以上行政处罚；

2. 当事人的同一违法行为，违反多个法律规范，不得给予两次以上同种类的行政处罚。

问：对行政处罚决定的做出，法律有无要求？

答：我国行政法对行政处罚决定的做出，有着严格的要求：

1. 须由行政机关负责人决定，而针对重大、复杂的违法行为还可由行政机关负责人集体讨论决定；

2. 行政处罚决定书，须盖有行政机关的印章；

3. 如果当事人在场，行政处罚决定书应当场送达，若不在场应当七日内送达；

问：针对行政处罚，行政相对人是否有权利要求听证？本案原告是否有权要求听证？

答：依据我国相关行政法的要求，如果行政相对人对行政处罚有异议，有权要求听证，但须满足下列情形：

1. 责令停产停业；

2. 吊销许可证或营业执照；

3. 数额较大的罚款；

行政机关在做出行政处罚时，应当告知当事人有要求听证的权利，当事人要求听证的，行政机关应当组织听证，听证不向相对人收取任何费用。本案不符合上述情形，因此原告并没有权利要求听证。

（二）法院裁判的理由

法院判决驳回原告湖南 A 超市的诉讼请求，理由主要是：

1. A 超市进行外墙广告牌改造时，采用铝塑材料确已对相邻权人造成了光污染等实质性的不利影响。

2. A 超市未按照规划部门的审批意见，超出宽 0.6 米，长 21.1 米，又未提供有效证据证明其超高建筑已向规划主管部门提出了变更申请并获批准，违反《中华人民共和国城乡规划法》第四十三条第一款的规定。

3. 听证并非行政复议过程中的法定程序，故 A 超市主张长沙县政府在复议过程中应组织听证，缺乏法律依据，不予采纳。

综上所述，法院判决驳回原告的诉讼请求。

（三）法院裁判的法律依据

《中华人民共和国行政诉讼法》

第六条　人民法院审理行政案件，对行政行为是否合法进行审查。

第十八条第一款　行政案件由最初作出行政行为的行政机关所在地人民法院管辖。经复议的案件，也可以由复议机关所在地人民法院管辖。

《中华人民共和国行政复议法》

第六条第（一）项　有下列情形之一的，公民、法人或者其他组织可以依照本法申请行政复议：

（一）对行政机关作出的警告、罚款、没收违法所得、没收非法财物、责令停产停业、暂扣或者吊销许可证、暂扣或者吊销执照、行政拘留等行政处罚决定不服的。

第十五条第（二）项　对本法第十二条、第十三条、第十四条规定以外的其他行政机关、组织的具体行政行为不服的，按照下列规定申请行政复议：

（二）对政府工作部门依法设立的派出机构依照法律、法规或者规章规定，以自己的名义作出的具体行政行为不服的，向设立该派出机构的部门或者该部门的本级地方人民政府申请行政复议。

第二十八条第（一）项　行政复议机关负责法制工作的机构应当对被申请人作出的具体行政行为进行审查，提出意见，经行政复议机关的负责人同意或者集体讨论通过后，按照下列规定作出行政复议决定：

（一）具体行政行为认定事实清楚，证据确凿，适用依据正确，程序合法，内容适当的，决定维持。

《中华人民共和国城乡规划法》

第四十三条第一款　建设单位应当按照规划条件进行建设；确需变更的，必须向城市、县人民政府城乡规划主管部门提出申请。变更内容不符合控制性详细规划的，城乡规划主管部门不得批准。城市、县人民政府城乡规划主管部门应当及时将依法变更后的规划条件通报同级土地主管部门并公示。

（四）上述案例的启示

本案原告之所以败诉，被要求拆除其设置的广告牌，不仅仅是因为其广告牌超出了原有的尺寸，是超高建筑，更是因为法院考虑到该广告牌采用了铝塑材质，会造成一定程度的光污染，也有可能对交通安全造成隐患。随着材料科学的飞速进步，越来越多的新型材料被开发出来并应用在生活中，但是大家往往都只注重材料的物理或化学性能，却忽视了可能对环境造成的不利影响，尤其是光污染。先进材料能够推动生活品质的上升，但也要注意建设工程项目的规范化、设计的合理化，要选用正确的建筑材料，这不仅有利于防治光污染，而且能为施工方减少行政处罚所带来的损失。

案例六 高速公路灯光亮，住户不满打官司

一、引子和案例

（一）案例简介

该案是因为高速公路夜间刺眼的车灯造成光污染等问题而引起的行政诉讼。

2010 年 6 月 9 日，南京市相关部门批准并委托建设单位开工建设某高速公路东北段。但建成后的高速路路面距原告周某的房屋仅有 3.8 米，路基距原告房屋也仅有 1.6 米。

紧邻原告房屋的还有一个涵洞，连绵的车流造成的高分贝的噪声及夜间刺眼的车灯造成的光污染，使得原告及其家人的生活被彻底颠覆了。

而且由于路面距离原告房屋太近，路面又高出房屋约 4 米，一旦发生交通事故，车辆随时会有冲下路面冲向原告房屋的危险。因不堪忍受如此侵扰和恐惧，原告多次向被告反映情况，要求被告给一个说法，但被告以种种理由相推诿。反映无果，周某将南京市交通建设处及建设单位告上了法庭。

原告周某诉称：

1. 判令被告两个月内为原告在原有隔声墙的基础上增高增层安装隔光幕墙，解决光污染的问题。

2. 判令被告按每月 300 元的标准赔偿噪声污染及光污染损失，直至隔声隔光幕墙达到符合规定之日为止。

3. 加固加高原告房屋周边的高速公路护栏，消除车辆冲下路面的危险，排除安全隐患。

被告一　南京市交通建设处辩称：

1. 该项目进行了环境影响评价，收到了同意进行开工建设的批复。

2. 答辩人已经在原告噪声环境敏感点设置了声屏障，并通过了环保验收。

故此，原告对答辩人的诉讼请求完全没有任何事实基础和法律依据。

被告二　某高速东北段公司辩称：

1. 南京某公路东北段作为省交通运输厅的"江苏省科技示范高速路"，开工建设均经有关部门批准，从立项到建设合法合规。

2. 工程完工后业经相关部门验收，环境保护验收合格、工程竣工验收鉴定合格，原告主张噪声污染、光污染没有事实依据。

3. 原告没有证据证明遭受了噪声污染和光污染的损害后果，诉请要求的赔偿计算标准也没有依据，损失多少无法确认，原告应当对相关事实承担举证不能的法律后果。

（二）裁判结果

法院经审理认为本案的争议焦点在于：

1. 被告是否存在噪声侵害及光污染的侵权行为；

2. 如果被告存在侵权行为，原告是否因噪声及光污染产生了相应的损失。

关于该争议焦点，原告提供了一张照片，证明其房屋与涉诉段高速公路距离非常近，必然产生噪声侵害及光污染。

法院审理后认为，原告房屋所在某高速东北段公路已建设了声音屏障，且该路段的环境保护设施经验收是合格的。而原告并未能提供其他有效证据证明高速公路运营后的噪声及光源对其产生侵害，令其产生损失，原告本身也无法证明损害额的多少，因此法院依法判决，驳回原告的诉讼请求。

与案例相关的问题

针对光污染侵权，应当选择民事诉讼还是行政诉讼？

行政法律关系与民事法律关系有什么不同？

什么是行政侵权？

行政侵权有哪些构成要件？

行政侵权是否要求行政行为具有违法性？

二、相关知识

问：针对光污染侵权，应当选择民事诉讼还是行政诉讼？

答：通常来说，针对光污染侵权问题，当事人往往会以提起民事诉讼的途径来要求对方停止侵害、赔偿损失。但是，针对不同的光污染情形，民事诉讼未必是唯一选择，有时提起行政诉讼也是一个选择。例如本案中，高速公路的业主即是一个行政主体，那么原告就存在选择的余地。在有些情况下，行政机关存在违法办理施工许可证的情形，那么选择行政诉讼就往往比民事诉讼更为有效。

三、与案件相关的法律问题

（一）学理知识

问：行政法律关系与民事法律关系有什么不同？

答：行政法律关系是指受到行政法律规范调整的，因行政行为而在行政主体和相对人之间产生的各种权利义务关系。它与民事法律关系最大的区别就在于民事法律关系调整的是平等主体之间的权利义务关系，而行政法律关系调整的是行政机关和公民之间的关系，这两个主体之间的关系并不平等。

问：什么是行政侵权？

答：行政侵权行为是指行政主体在行使行政职权的过程中，因为违反了相应的行政法律法规所导致的，对相对人权益造成侵害的行为总称。行政侵权行为不同于民事侵权行为，民事侵权行为是平等主体之间的侵害行为，而行政侵权行为是公权力机关对公民权利的侵害，是不平等的、自上而下的侵害，它对社会秩序的损害更为严重。

问：行政侵权有哪些构成要件？

答：行政侵权的构成要件包括以下几方面：

1. 行政侵权的主体是行政机关及其工作人员。

2. 有损害事实的存在。赔偿责任必须以损害事实的存在为前提条件。这是各国赔偿责任立法的通例，无损害即无赔偿，有损害方有救济。如果行政机关或其工作人员确有违法或不当的行为，而没有造成损害的事实则不构成行政侵权，这一点同民事侵权是一致的。

3. 指侵权行为必须是在执行公务活动中发生的行为。

4. 行政侵权行为与损害事实有因果关系。

问：行政侵权是否要求行政行为具有违法性？

答：是的，行政侵权必须具有违法性。行政侵权行为将导致行政赔偿行为。《中华人民共和国国家赔偿法》明确规定国家承担侵权赔偿责任须以致害行为"违法"为前提。因此，在必须具有违法性的语境之下，行政侵权行为一般是指具体行政行为主要证据不足，违反法定程序，越权、滥用职权，行政机关拒不履行法定职责等。如果行政行为合法，即使给相对人造成了损害，也不是此种意义上的行政侵权行为。

（二）法院裁判的理由

法院认为，从原告提供的照片可以看出，其房屋所在某高速东北段公路已建设了声音屏障，根据 [2015]107 号《关于长春至深圳国家高速公路南京某高速公路东北段竣工环境保护验收合格的函》，该路段的环境保护设施经验收是合格的。而原告并未能提供其他有效证据证明高速公路运营后的噪声及光源对其产生侵害，令其产生损失。根据《中华人民共和国民事诉讼法》第六十四条的规定："当事人对自己提出的主张，有责任提供证据。"原告未能对自己的主张提供充分证据予以证明，应承担举证不能的不利法律后果。因此，原告诉讼请求没有事实及法律依据，法院不予支持。

（三）法院裁判的法律依据

《中华人民共和国民事诉讼法》

第三十九条　人民法院审理第一审民事案件，由审判员、陪审员共同组成合议庭或者由审判员组成合议庭。合议庭的成员人数，必须是单数。

适用简易程序审理的民事案件，由审判员一人独任审理。

陪审员在执行陪审职务时，与审判员有同等的权利义务。

第六十四条　当事人对自己提出的主张，有责任提供证据。

当事人及其诉讼代理人因客观原因不能自行收集的证据，或者人民法院认为审理案件需要的证据，人民法院应当调查收集。

人民法院应当按照法定程序，全面地、客观地审查核实证据。

《中华人民共和国公路法》

第五十六条第一款　除公路防护、养护需要的以外，禁止在公路两侧的建筑控制区内修建建筑物和地面构筑物；需要在建筑控制区内埋设管线、电缆等设施的，应当事先经县级以上地方人民政府交通主管部门批准。

（四）上述案例的启示

本案中，原告因为政府所建高速公路与自家住宅距离过近而提起诉讼，请求行政机关加装隔声墙、隔光墙并支付损害赔偿。尽管法院最终认定新建高速公路实际上符合《中华人民共和国公路法》及相关规定，而驳回了原告的诉讼请求。但通过这一案例我们不难发现，光污染问题已经不再仅存在于相邻权人之间，也不再仅由高楼大厦、玻璃幕墙这样的城市景观造成。光污染的问题已经越来越多样化，不但会因为民间行为而造成，也会因政府行为而出现；不再限于城市之中，也会因为高速路设计不当而产生。

因此在当今社会，光污染问题已经越发不可预测，即便没有可准确度量的标准和制度，光侵扰的存在也是人们所不能否认的。面对污染手段多样化的趋势，救济机制也应当相应地多元化起来，而不能局限于民事诉讼一种方式，在很多情况下，提起行政诉讼也是一条十分有效也十分必要的途径。

案例七 公租房里噪声大，要求调换被拒绝

一、引子和案例

（一）案例简介

该案是因为公租房光污染等问题引起的行政诉讼。

原告徐某，是某市政策性住房的租户，因现住房存在光污染、噪声污染等问题，曾多次向被告某市住建局申请更换公租房。但是该市住房和建设局称因该市暂无保障房调房的有关政策规定，无法办理原告的调房申请。原告遂将住建局告上了法庭。

原告徐某诉称：

原告现住房紧挨着一楼的北方饺子馆，噪声大，油烟机持续高温，对面小蒙牛餐馆夜间光污染严重，原告多次通过12345电话、上访等形式请求被告予以调房，被告都不予调换，也不允许参与首次集中轮候申请，是完全不作为。原告自2006年5月1日起至今，承租被告提供的过渡性安置房，一直按规定支付房租，缴纳物业管理费及水电费等，但被告一直未尽责提供一个正常的生活及居住环境，保障人体健康，且严重违反《中华人民共和国环境噪声污染防治法》的规定。上述情况已造成原告身心受到损害。原告请求判令：一、撤销被告作出

的 × 建访〔2014〕353 号《关于调换公租房问题的答复》；二、被告书面向本人致歉并承担本案的诉讼费。

被告辩称：该市现行的《××市保障性住房条例》对租赁期间的保障性住房调换没有相应规定，为原告调换住房没有法律依据，故原告要求调换现有住房没有法律依据。因此，被告住建局认为，原告的诉讼请求没有事实和法律依据，应予驳回。

（二）裁判结果

本案的焦点问题是被告作出的 × 建访〔2014〕353 号《关于调换公租房问题的答复》是否合法，法院经审理认为：

本案中，被告作为负责本市住房保障的组织实施和监督管理的政府部门，接到原告的信访后依法作出涉案 × 建访〔2014〕353 号《关于调换公租房问题的答复》，符合法律的相关规定，并无不当。而原告要求撤销被告作出的上述答复并要求书面道歉，该主张缺乏事实和法律依据，法院不予支持。故此，法院判决驳回原告的诉讼请求。

与案例相关的问题

光污染对儿童的危害大吗？

行政法有哪些基本原则？

针对光污染问题，行政法上有哪些救济机制？

行政诉讼和行政复议的审查方式有什么不同？

行政复议可以对规范性法律文件进行审查吗？

行政诉讼与行政复议在处理结果上有什么不同？

二、相关知识

问：光污染对儿童的危害大吗？

答：光污染对儿童的危害要远大于对成人的危害。儿童的视力正处于快速发育期，需要十分谨慎地保护，而在城市中，大量的霓虹灯和刺眼的路灯会吸引孩子们的注意，进而损害其视网膜，这种光污染就是孩子们近视高发的主要原因。此外，明亮的夜晚会导致褪黑素分泌下降，进而导致儿童性早熟现象的发生。如果儿童从小就生活在光线较强的环境中，其内分泌系统相比较于正常光线环境下生长的孩子要更为混乱。因此，光污染对儿童的危害，要远胜于成人。

三、与案件相关的法律问题

（一）学理知识

问：行政法有哪些基本原则？

答：我国行政法主要包括以下原则：合法行政、合理行政、程序正当、高效便民、诚实信用、权责统一。行政法的基本原则是行政法的精髓，贯穿于行政立法、行政执法、行政司法和行政法制监督之中，是指导行政法的制定、修改、废除及实施的基本准则。

问：针对光污染问题，行政法上有哪些救济机制？

答：基于行政行为引起的光污染纠纷在当今社会越来越频繁，其中最主要的原因是行政审批不谨慎，行政许可不规范。当然，如本案中当事人认为行政机关不作为而提起行政诉讼的情形也屡见不鲜。而除了提起行政诉讼以外，向行政机关的上级提起行政复议也是一个十分有效的纠纷解决机制。但是行政诉讼与行政复议不可以同时提起，而且部分特殊情形也有着复议终局的规定，因此行政行为相对人应当选择适当的机制来救济自己的权利。

问：行政诉讼和行政复议的审查方式有什么不同？

答：行政诉讼是行政相对人认为行政主体的行政行为侵害了自己

的权益而向人民法院提起诉讼，请求法院对该行政行为的合法性进行审查，并作出处理决定。而行政复议是行政相对人不服行政主体的行政行为，认为侵犯了其合法权益，而依法向法定的行政复议机关提出复议申请，请求对该行政行为的合法性、合理性进行审查，并作出处理决定。因此，人民法院不能对行政行为的合理性进行审查，但行政复议机关作为原机关的上级，可以对该行为的合理性进行审查。

问：行政复议可以对规范性法律文件进行审查吗？

答：可以对"抽象行政行为"提起附带审查，这是行政复议相对于行政诉讼最大的不同。人民法院作为司法机关，往往只能审查具体行政行为是否合法，并不能审查规范性文件是否合法。但复议机关作为上级机关，不仅有权审查具体行政行为，还可以附带审查具体行政行为所依据的部分层级较低的"规范性法律文件"。这不仅是行政复议的一大特点，也是相对于行政诉讼最大的优势之一。

问：行政诉讼与行政复议在处理结果上有什么不同？

答：依据《中华人民共和国行政诉讼法》，人民法院可以判决被告撤销并重新做出行政行为、限期履行法定职责、履行给付义务、确认行政行为违法、确认行政行为无效，仅当行政处罚明显不当才可以判决变更行政行为并不得加重原告义务或减损原告权益。而行政复议不仅可以宣告无效或撤销，还可以直接变更行政行为。

（二）法院裁判的理由

法院认为，本案的焦点问题是被告作出的 × 建访〔2014〕353 号《关于调换公租房问题的答复》是否合法。

原告主张被告违反了《住房城乡建设部关于并轨后公共租赁住房有关运行管理工作的意见》（建保〔2014〕91 号）第六条规定，该条规定经公共租赁住房所有权人或其委托的运营单位同意，承租人之间可以互换所承租的公共租赁住房。本案原告系单独申请更换住房，并非与其他承租人互换住房。另外，原告还主张被告的答复违反了《××市保障性住房条例》第四十条的规定。该条规定，享受住房保障的家庭或者单身居民，经市主管部门审核符合规定条件的，可以申请变更住房保障方式。申请变更保障方式的家庭或者单身居民原享受的住房保障，自变更后的合同或者协议生效时起终止。该条约定的是变更住房保障方式而非更换住房。因此，原告所主张的内容均没有相关依据。

综上，本案中被告履行了法定职责，符合上述法律的相关规定，并无不当，原告要求撤销被告作出的上述答复并要求书面道歉，该主张缺乏事实和法律依据，法院不予支持。

（三）法院裁判的法律依据

《中华人民共和国行政诉讼法》

第二条　公民、法人或者其他组织认为行政机关和行政机关工作人员的行政行为侵犯其合法权益，有权依照本法向人民法院提起诉讼。

第六十九条　行政行为证据确凿，适用法律、法规正确，符合法定程序的，或者原告申请被告履行法定职责或者给付义务理由不成立的，人民法院判决驳回原告的诉讼请求。

（四）上述案例的启示

本案提及的公共租赁住房，是指由国家提供政策支持，社会各种主体通过新建或者其他方式筹集房源，专门面向中低收入群体出租居住的保障性住房。可以看出，原告提出的诉讼请求有违公共租赁住房设置的目的，我国目前也并没有关于随意选择、更换公租房的规定。但是光污染对居住环境的侵扰又始终存在，如果光污染未达到十分严重的程度，当事人比起更换住房、拆除灯箱等浪费资源的方法，往往可以选择更为简便快捷的方式防治光污染，例如，选择遮光性能较好的窗帘等。行政诉讼的确可以维护公民的正当权益，但我们应当合理地提出诉讼请求，不造成司法资源的浪费。

第三部分　刑事篇

案例一　利用职权收好处，结果是自食其果

一、引子和案例

（一）案例简介

该案行政工作人员利用从事整治光污染等工作的职务之便，非法收受他人财物，为他人谋取利益而引起的。

被告人王某于 2011 年 6 月起任 ×× 县某镇经济发展办公室主任兼经济发展服务中心主任，该办公室有环境保护、指导和协助企业的技术革新工作等多项职能。2011 年 6 月，根据 ×× 省环境保护厅、×× 监察厅挂牌督办重点环境问题的要求，×× 市环境保护局、×× 市监察局对 ×× 县某镇不锈钢制品行业环境污染问题实施挂牌督办，限时整治。根据 ×× 县、×× 镇的有关工作方案，×× 县某镇人民政府是该镇环境污染综合整治的责任单位，对辖区内环境污染整治工作负总责。在环境污染整治中，×× 县 ×× 镇为企业引荐污染治理设施，帮助企业完成整治工作，并配合环保部门完成对企业的验收工作等。×× 县 ×× 镇人民政府还成立污染整治领导小组，领导小组下设办公室于该镇经济发展办公室，负责辖区内环境污染整治的日常工作。王某是领导小组的成员及领导小组办公室副主任，负有相应的

工作职责。

2011年下半年，××省××科技有限公司（以下简称"××公司"）的法定代表人徐某经××镇经济发展服务中心工作人员（同案人）谢某（已死亡）介绍，到××县××镇推广防治水污染、大气污染、噪声污染和光污染等在内的排污过滤设施、噪声阻隔设施、高透光率玻璃等环境保护设施，并经谢某介绍认识了王某。之后，王某、谢某与徐某商定，由王、谢帮助××公司在××镇推广相关设备，××公司按销售额的10%支付"好处费"给王某与谢某。随后，王某介绍××镇的××县某有限公司试用了××公司的设备。试用成功后，王某利用其从事环境污染整治工作的职务便利，与谢某共同向××镇的相关环境污染整治对象推荐××公司的设备，使××公司成为××镇向辖区内企业引荐的污染治理设备供应厂家之一。在王某、谢某的帮助下，至2012年12月，××公司向××镇的多家企业销售上述设备，收取货款金额合计人民币5,075,000元。自2011年9月至2012年12月间，根据事先约定，××公司先后八次通过汇款至谢某的银行存款账户、王某指定的银行存款账户及提供现金的方式，付给王某与谢某的"好处费"共计人民币45万元。对××公司支付的上述款项，谢某经手收受的"好处费"中有7万元人民币后没有分给王某，王某经手收受的"好处费"中有13万元人民币没有分给谢某。王某还受徐某之托将收受的款项中的人民币46,400元转送给其他人员，剩余赃款被王某、谢某共同瓜分。王某实际所得赃款共计人民币218,600元。

（二）裁判结果

法院认为被告人王某身为国家工作人员，利用从事整治行业环境污染工作的职务之便，合伙非法收受他人财物，数额在十万元以上，为他人谋取利益，其行为已构成受贿罪。

与案例相关的问题

为什么我国眼部疾病发病率逐年走高？

什么是刑事责任？

什么是污染环境犯罪？

环境污染罪有哪些构成要件？

污染环境犯罪都由哪些法律规制？

光污染与犯罪之间有什么关联，是否会导致刑事责任？

二、相关知识

问：为什么我国眼部疾病发病率逐年走高？

答：我国随着电力能源的不断普及，城市中照明设备和霓虹灯箱也愈发普及，这些都造成了严重的光污染。光照时间越强，光线强度越高，对眼部的伤害也就越大。如果长时间受到强光刺激，会使得眼部疲劳、水肿，进而造成视网膜受损，最后导致各类眼部疾病的发生。

三、与案件相关的法律问题

（一）学理知识

问：什么是刑事责任？

答：刑事责任是依据国家刑事法律规定，对犯罪分子依法追究的法律责任。刑事责任在三种责任（民事责任、行政责任、刑事责任）中最为严厉，最具有国家强制力，适用也最为谨慎。

问：什么是污染环境犯罪？

答：环境污染涉及的刑事法律规定主要包括《中华人民共和国刑法》第六章第六节规定的"破坏环境资源保护罪"与《最高人民法院、

最高人民检察院关于办理环境污染刑事案件适用法律若干问题的解释》等，涉及污染环境罪、非法处置进口的固体废物罪等 15 个罪名。

污染环境犯罪是指单位或个人故意违反环境保护法律法规，排放、倾倒、处置各类污染物或实施其他危害环境的行为，致使生态环境污染或严重破坏，已经或可能导致人类健康损害、财产损失的严重后果，根据刑事法律规定应当承担刑事法律责任的行为。简言之，即污染行为人的污染行为已经触犯了我国刑法中的"污染环境罪"，需要承担刑事责任。"污染环境罪"是《中华人民共和国刑法修正案（八）》中的补充规定，取消原有的"重大环境污染事故罪"罪名，改为"污染环境罪"。

问：污染环境罪有哪些构成要件？

答：客观上，行为人需要违反国家规定，实施排放、倾倒和处置的行为；行为的对象则是放射性废水、废气和固体废物；还需要达到严重污染环境的后果。

主观上，本罪需要的主观心态为故意，过失不构成本罪。

问：污染环境犯罪都由哪些法律规制？

答：首先，是《中华人民共和国刑法修正案（八）》对刑法进行修正后，规定于《中华人民共和国刑法》第三百三十八条的"污染环境罪"；其次，为了保障惩治有关环境污染犯罪的科学化和法制化，2013 年 6 月，《最高人民法院、最高人民检察院关于办理环境污染刑事案件适用法律若干问题的解释》，对污染环境罪的定罪量刑标准等问题做出了明确规定。该解释施行以来，各级公检法机关和环保部门依法查处环境污染犯罪，加大了惩治力度，并取得了良好的效果。与此同时，近年来为有效解决实践问题，进一步加大对生态环境的司法保护力度，最高人民法院、最高人民检察院制定了新的解释，对旧的解释进行了全面修改和完善。

问：光污染与犯罪之间有什么关联，是否会导致刑事责任？

答：《中华人民共和国刑法》和《最高人民法院、最高人民检察院关于办理环境污染刑事案件适用法律若干问题的解释》都明确规定了污染环境的刑事责任，但这种刑事责任只针对"违反国家规定，排放、倾倒或者处置有放射性的废物、含传染病病原体的废物、有毒物质或者其他有害物质"的情形，并没有将"光污染"这种污染形式包含在内。

（二）法院裁判的理由

法院认为被告人王某身为国家工作人员，利用从事整治行业环境污染工作的职务之便，合伙非法收受他人财物，数额在十万元以上，为他人谋取利益，其行为已构成受贿罪。因此法院最终支持公诉人的意见，判决被告人受贿罪。

（三）法院裁判的法律依据

《中华人民共和国刑法》：

第三百八十五条　国家工作人员利用职务上的便利，索取他人财物的，或者非法收受他人财物，为他人谋取利益的，是受贿罪。

国家工作人员在经济往来中，违反国家规定，收受各种名义的回扣、手续费，归个人所有的，以受贿论处。

第三百三十八条　违反国家规定，排放、倾倒或者处置有放射性的废物、含传染病病原体的废物、有毒物质或者其他有害物质，严重污染环境的，处三年以下有期徒刑或者拘役，并处或者单处罚金；后果特别严重的，处三年以上七年以下有期徒刑，并处罚金。

（四）上述案例的启示

《中华人民共和国刑法》最传统的犯罪构成理论是"四要件"理论，

分别讨论四个构成要件："犯罪主体""犯罪客体""犯罪的主观方面"和"犯罪的客观方面"。后有学者认为"犯罪客体"并不是构成要件之一，提出了"三阶层"理论。即"构成要件该当性""违法性"和"有责性"三个阶层。其中"违法性"阐述客观要件以及排除客观上犯罪构成事由，"有责性"阐述主观要件以及排除主观方面犯罪构成事由。

案例二　玻璃幕墙反光强，司机肇事进监狱

一、引子和案例

（一）案例简介

该案为写字楼玻璃幕墙反射的强光刺痛司机眼睛而酿成的惨剧。

被告人余某，家住 S 省 C 市 ×× 区 ×× 小区 201 室，系 S 省 C 市经济开发区 A 运输公司的卡车司机。余某于 1995 年取得中华人民共和国大型货车驾驶执照（B 型驾照），2001 年进入 A 公司就职，专职负责市内运输项目。2011 年 7 月 21 日下午 1 时 22 分，余某在驾驶一辆红色福田小型运输卡车在途经 C 市 ×× 路口时，未注意红色信号指示灯，径直闯过十字路口，与一辆红色丰田牌轿车和白色奥迪牌轿车相撞，造成丰田轿车车主当场死亡，奥迪轿车车主和一名车内乘客重伤。此外，余某的行为还导致了一名正在穿越十字路口的行人王某受重伤，以及数名在场行人受轻伤。其本人亦受轻伤。

公诉人诉称：余某作为一名经验丰富的司机，在驾驶货运卡车时，明知不遵守交通规则闯红灯会带来极其危险的后果，却放任该后果的发生，最后造成了一死、三重伤、数人轻伤的严重后果，应当承担刑事责任。

被告人余某及辩护人辩称：被告人余某在经过十字路口时，被十字路口对面右侧的××大厦写字楼玻璃幕墙反射的强光刺痛双眼，由于强烈的光线反射而暂时失去视力，无法判断当时的路况和交通信号指示灯，因此酿成了惨剧，属于不可抗力，不应当承担责任，真正的责任应当由写字楼的所有者承担。

（二）裁判结果

法院审理认为，余某明知在道路上驾驶汽车应当遵守交通规则，也就是《中华人民共和国道路交通安全法》的规定，但他没有遵守，而是放任了大规模交通事故伤亡的发生，其行为已经触犯我《中华人民共和国刑法》第一百三十三条之规定，应当承担刑事责任。就辩护人所称的玻璃幕墙反光所导致的不可抗力这一抗辩事由，法院认为，身为大型货车驾驶员，在道路上行驶的注意义务本就高于其他机动车驾驶员和行人，应当注意到在夏季高温天气，尤其是在阳光直射较为强烈的午后，很有可能发生此种路侧玻璃幕墙反光的紧急情况，却没有预先采取足够的防护措施，例如墨镜、遮光板等，以避免可能因此造成的交通事故，由此，其对案件损害结果的发生，主观上仍然具有不可推卸的过失，应当承担刑事责任。此外，《中华人民共和国刑法》上所称的"不可抗力"，是指不能预见，或虽能预见却不可避免的客观情况。本案玻璃幕墙反光的现象，已如上文所述，是可以预先考虑到并预先采取措施避免的，因此，被告人、辩护人的抗辩理由在法律上不能成立。

依照《中华人民共和国刑法》第一百三十三条、《最高人民法院关于审理交通肇事刑事案件具体应用法律若干问题的解释》第二条第一款之规定，法院作出判决如下：

被告人余某犯交通肇事罪，判处有期徒刑三年。

与案例相关的问题：

光照过强会对司机驾驶产生哪些潜在危险？

什么是刑事诉讼简易程序？

简易程序的消极范围（排除范围）是什么？

简易程序简易在何处？

简易程序可以向普通程序转化吗？

什么是不可抗力？

为什么本案中的光污染不可以作为不可抗力？

二、相关知识

问：光照过强会对司机驾驶产生哪些潜在危险？

答：现阶段产生交通事故的原因有很多，疲劳驾驶所占据的地位越来越显著，也越来越受到人们的重视，但是目前疲劳驾驶检测系统并没有在我国普及，所以我国现今也欠缺能够全天候使用的自动疲劳系统。光照是对疲劳驾驶的形成有巨大影响的因素，应当运用怎样的算法来得到其强弱对于疲劳驾驶系数的相关比，是十分重要的科学研究课题。过强的光照会使得人的眼睛暴盲后产生数个盲点，对司机的驾驶产生很大的危害。司机长时间在强光下驾驶，会加速视疲劳的产生，交通事故发生的可能性也会增加。

三、与案件相关的法律问题

（一）学理知识

问：什么是刑事诉讼简易程序？

答：最高人民法院、最高人民检察院、公安部、国家安全部、司法部《关于推进以审判为中心的刑事诉讼制度改革的意见》中指出了刑事诉讼中的简易程序的适用范围："对案件事实清楚、证据充分的轻微刑事案件，或者犯罪嫌疑人、被告人自愿认罪认罚的，可以适用速裁程序、简易程序或者普通程序简化审理。"根据《最高人民法院关于适用〈中华人民共和国刑事诉讼法的解释〉》的相关规定，适用简易程序只需法院和被告方的同意，无须检察院同意，检察院只有建议适用简易程序的权力。《最高人民法院关于适用〈中华人民共和国刑事诉讼法的解释〉》第四百七十四条规定，对未成年人刑事案件，法院决定适用简易程序审理的，应当征求未成年被告人及其法定代理人、辩护人的意见。上述人员提出异议的，不适用简易程序。

问：简易程序的消极范围（排除范围）是什么？

答：根据相关法律和司法解释，简易程序的消极范围主要包括以下几个方面：（一）被告人是盲、聋、哑人；（二）被告人是尚未完全丧失辨认或者控制自己行为能力的精神病人的；（三）有重大社会影响的；（四）共同犯罪案件中部分被告人不认罪或者对适用简易程序有异议的；（五）辩护人作无罪辩护的；（六）被告人认罪但经审查认为可能不构成犯罪的；（七）不宜适用简易程序审理的其他情形。

问：简易程序简易在何处？

答：首先应当明确，在刑事诉讼程序中简易程序中也有硬性规定，如简易程序只适用于一审基层法院，适用简易程序审理的公诉案件，人民检察院必须派员出庭，且应当通知辩护人出庭，一般应当当庭宣判。

在简易程序中可以在以下几个方面对审理程序进行简化：（一）公诉人可以简要宣读起诉书；（二）公诉人、辩护人、审判人员对被告人的讯问、发问可以简化或者省略；（三）控辩双方对于定罪量刑有关的事实、证据没有异议的，法庭审理可以直接围绕罪名确定和量刑问题进行。适用简易程序审理案件，判决宣告前应当听取被告人的最后陈述。

问：简易程序可以向普通程序转化吗？

答：简易程序可以向普通程序转化，根据我国相关的法律和司法解释规定，在法庭审理过程中，有下列情形之一的，应当转为普通程序审理：（一）被告人的行为可能不构成犯罪的；（二）被告人当庭对起诉指控的犯罪事实予以否认的；（三）被告人可能不负刑事责任的；（四）案件事实不清、证据不足的；（五）不应当或者不宜适用简易程序的其他情形。审理期限应当从决定转化为普通程序之日计算。简易程序向普通程序转化时，原起诉仍然有效，自诉人（检察院）不必另行提起诉讼，但审理期限应当从决定转为普通程序之日起计算。

问：什么是不可抗力？

答：刑法中的不可抗力事件，是指由于行为人不能抗拒的原因在客观上造成了损害结果，但由于缺乏罪过而不构成犯罪的情形。不可抗力可以是自然原因酿成的，也可以是人为的、社会因素引起的。前者如地震、水灾、旱灾等，后者如战争、政府禁令、罢工等。不可抗力所造成的是一种法律事实。不可抗力在我国民法总则的规定是不可预见、不可克服、不可避免的"三不原则"，现在我国在刑事诉讼中也多以此种角度来对不可抗力与否进行判定。

问：为什么本案中的光污染不可作为不可抗力？

答：本案中的大楼玻璃反射强光虽然被告不能预见，但是作为货车司机有着丰富的驾驶经验，应当知道在反射太阳光最强的午后应当采取相当的防护措施来避免强烈的光线对自己视觉的干扰，所以，被告是完全可以避免强光干扰的，也是可以预见的，但是他没有采取相应的措施最终导致了连环车祸的发生，是存在过失的，所以本案中的光污染不得纳入不可抗力的范围。

（二）法院裁判的理由

法院审理认为，余某明知在道路上驾驶汽车应当遵守交通规则，却没有遵守，而是放任了大规模交通伤亡事故的发生，其行为已经触犯《中华人民共和国刑法》第一百三十三条之规定，应当承担刑事责任。就辩护人所称的玻璃幕墙反光所导致的不可抗力这一抗辩事由，法院认为，作为货车司机有着丰富的驾驶经验，应当知道在反射太阳光最强的午后应当采取相当的防护措施来避免强烈的光线对自己视觉的干扰，所以可以预见也可以避免，但是被告没有尽到该义务，所以存在过失，主张光污染为不可抗力不能成立，必须承担刑事责任。

（三）法院裁判的法律依据

《中华人民共和国刑法》

第一百三十三条　违反交通运输管理法规，因而发生重大事故，致人重伤、死亡或者使公私财产遭受重大损失的，处三年以下有期徒刑或者拘役；交通运输肇事后逃逸或者有其他特别恶劣情节的，处三年以上七年以下有期徒刑；因逃逸致人死亡的，处七年以上有期徒刑。

《最高人民法院关于审理交通肇事刑事案件具体应用法律若干问题的解释》

第二条第一款　交通肇事具有下列情形之一的，处三年以下有期徒刑或者拘役：

（一）死亡一人或者重伤三人以上，负事故全部或者主要责任的。

（四）上述案例的启示

在本案中，玻璃幕墙反射光是造成交通事故的重要原因，所以，我们在生活中应尽量避免使用能造成光污染的材料，改善我国的光环境。

案例四　热水器表面反光，司机眼花出车祸

一、引子和案例

（一）案例简介

该案是因为村民住宅屋顶太阳能热水器反光，导致过路司机暂时性失明而引起交通肇事案件。

公诉机关：A 省 Y 县人民检察院。

被告人周某，因涉嫌犯交通肇事罪于 2016 年 12 月 5 日被 Y 县人民检察院决定取保候审，同日被 Y 县公安局执行取保候审。

A 省 Y 县人民检察院指控：2016 年 10 月 11 日 12 时 30 分，被告人周某驾驶皖 LB×××× 号"北京现代"牌小型普通客车，沿 Y 县 ×× 镇 ×× 街至 ×× 村道路由东向西行驶至 ×× 村路段时，将孙某撞倒，造成车辆损坏及孙某受伤的道路交通事故，后孙某经医院抢救无效死亡。经 Y 县公安局交通警察大队事故认定书认定，周某负事故的全部责任。2016 年 11 月 14 日，被告人周某主动到 Y 县公安局交通警察大队投案，并如实供述了上述犯罪事实。检察院认为被告人周某的行为构成交通肇事罪，请求依照《中华人民共和国刑法》第一百三十三条之规定，定罪处罚。

被告人周某当庭对起诉书指控的事实予以供认，并作出如下辩解：案发当天，被告人周某在驾车经过××村路段时，由于当天天气晴朗且正值午后，阳光十分强烈，受到了来自路侧村民住宅屋顶太阳能热水器光板的反光刺激，导致其暂时性的失明，并未看到迎面过来的孙某。周某据此辩称其主观没有过错，不应当承担刑事责任。

（二）裁判结果

法院经审理查明上述情况属实，另查明 2016 年 11 月 14 日，被告人周某与被害人的近亲属达成赔偿协议，并取得被害人近亲属的谅解。同日，被告人周某主动到 Y 县公安局交通警察大队投案，并如实供述其犯罪事实。

法院认为：被告人周某违反交通运输管理法规，因而发生重大交通事故，致一人死亡，且负事故的全部责任，其行为构成交通肇事罪。公诉机关指控被告人周某犯交通肇事罪的事实存在，罪名成立。案发后，被告人周某主动向公安机关投案并如实供述其犯罪事实，系自首，依法予以从轻处罚；与被害人的近亲属达成赔偿协议，取得被害人近亲属的谅解，可酌情从轻处罚。根据被告人周某的犯罪事实、犯罪的性质、情节及对社会危害程度，依照《中华人民共和国刑法》第一百三十三条，第六十一条，第六十七条第一款，第七十二条第一款，第七十三条第二款、第三款及《最高人民法院关于审理交通肇事刑事案件具体应用法律若干问题的解释》第二条第一款第（一）项之规定，判决被告人周某犯交通肇事罪，判处有期徒刑一年，缓刑二年。

与案例相关的问题

光污染造成的交通事故能够成为司机免责的事由吗？

刑法的基本原则是什么？

什么是刑事诉讼的简易程序？有哪些特点？

什么是自首？

二、相关知识

问：光污染造成的交通事故能够成为司机免责的事由吗？

答：本案就是典型的光污染引起交通事故的案件，在这样的案件中，司机往往是在阳光明媚的午后，因为路侧建筑的强烈反光而瞬间陷入暴盲的状态。尽管看起来司机是受到了严重的非出于其自身意愿的干扰，但事实上并不能构成交通事故责任中的免责事由。一方面，《中华人民共和国道路交通安全法》《中华人民共和国侵权责任法》等法律中没有就炫光等问题作出司机责任的除外规定；另一方面，司机在炎热的午后应当预见这种强烈炫光现象的发生，从而应当事先采取一些预防措施，例如佩戴墨镜、打开遮光板、严格控制车速等，并不能套用不可抗力的相关规定。因此，尽管光污染，尤其是炫光所导致的暴盲情况下造成交通事故，肇事司机的责任仍然不能免除。

三、与案件相关的法律问题

（一）学理知识

问：刑法的基本原则是什么？

答：刑法共有三大基本原则：

1. 罪刑法定原则。依据为《中华人民共和国刑法》第三条："法律明文规定为犯罪行为的，依照法律定罪处刑；法律没有明文规定为犯罪行为的，不得定罪处刑。"

2. 罪刑相适应原则。依据为《中华人民共和国刑法》第五条："刑罚的轻重，应当与犯罪分子所犯罪行和承担的刑事责任相适应。"

3. 法律面前人人平等。依据为我国《中华人民共和国刑法》第四条："对任何人犯罪，在适用法律上一律平等。不允许任何人有超越法律的特权。"

问：什么是刑事诉讼的简易程序？有哪些特点？

答：刑事诉讼简易程序是指第一审人民法院审理刑事案件所适用的，比普通程序相对简单的审判程序。它是对普通程序的简化，仅适用于基层人民法院审理的第一审案件。

其特点如下：

1. 只适用于刑事案件的第一审程序；

2. 简易程序只适用于基层人民法院；

3. 适用简易程序审理的案件，必须是事实清楚、证据充分、被告人对适用简易程序无异议；

4. 适用简易程序审理的公诉案件中被告人自愿认罪，并对起诉书所指控的犯罪事实无异议的，法庭可以直接作出有罪判决。人民法院对自愿认罪的被告人，酌情予以从轻处罚。

问：什么是自首？

答：根据《中华人民共和国刑法》第六十七条的规定，自首是指犯罪后自动投案，向公安、司法机关或其他有关机关如实供述自己的罪行的行为。

对于自首的犯罪分子，可以从轻或减轻处罚。其中，犯罪较轻的可以免除处罚。被采取强制措施的犯罪嫌疑人、被告人和正在服刑的罪犯，如实供述司法机关还未掌握的本人其他罪行的，以自首论。犯罪嫌疑人虽不具有前两款规定的自首情节，但是如实供述自己罪行的，可以从轻处罚；因其如实供述自己罪行，避免特别严重后果发生的，可以减轻处罚

（二）法院裁判的理由

法院认为：被告人周某违反交通运输管理法规，造成重大交通事故，致一人死亡，且对事故负全部责任，虽为过失，但其行为符合交通肇事罪的构成要件，故交通肇事罪成立。但被告人在案发后存在自首情节，主动投案并如实供述，依法应当予以从轻处罚；并且，被告人已取得被害人近亲属的谅解，并达成了赔偿协议，可以酌情从轻处罚。故法院最终判决被告人周某犯交通肇事罪，判处有期徒刑一年，缓刑二年。

（三）法院裁判的法律依据

《中华人民共和国刑法》

第六十一条　对于犯罪分子决定刑罚的时候，应当根据犯罪的事实、犯罪的性质、情节和对于社会的危害程度，依照本法的有关规定判处。

第六十二条　犯罪分子具有本法规定的从重处罚、从轻处罚情节的，应当在法定刑的限度以内判处刑罚。

第六十三条　犯罪分子具有本法规定的减轻处罚情节的，应当在法定刑以下判处刑罚；本法规定有数个量刑幅度的，应当在法定量刑幅度的下一个量刑幅度内判处刑罚。

犯罪分子虽然不具有本法规定的减轻处罚情节，但是根据案件的特殊情况，经最高人民法院核准，也可以在法定刑以下判处刑罚。

第六十七条　犯罪以后自动投案，如实供述自己的罪行的，是自首。对于自首的犯罪分子，可以从轻或者减轻处罚。其中，犯罪较轻的，可以免除处罚。

第七十二条第（一）项　对于被判处拘役、三年以下有期徒刑的犯罪分子，同时符合下列条件的，可以宣告缓刑，对其中不满十八周岁的人、怀孕的妇女和已满七十五周岁的人，应当宣告缓刑：

（一）犯罪情节较轻

第一百三十三条 违反交通运输管理法规，因而发生重大事故，致人重伤、死亡或者使公私财产遭受重大损失的，处三年以下有期徒刑或者拘役；交通运输肇事后逃逸或者有其他特别恶劣情节的，处三年以上七年以下有期徒刑；因逃逸致人死亡的，处七年以上有期徒刑。

（四）上述案例的启示

本案被告虽然触犯了交通肇事罪，但是最终所获刑罚并不重。这是因为我国刑法在制度设计上充分考虑了量刑情节的多样化，本着宽宥之精神，制定了诸多有助于减轻被告人负担的条款。例如《中华人民共和国刑法》第六十七条规定了自首，只要犯罪以后主动投案，并如实供述自己罪行，就算自首，可以从轻或减轻处罚。其中犯罪较轻的，还可以免除处罚。甚至《中华人民共和国刑法》第六十八条规定了立功，犯罪分子有揭发他人犯罪行为，查证属实的，或者提供重要线索，从而得以侦破其他案件等立功表现的，可以从轻或者减轻处罚；有重大立功表现的，还有可能减轻或者免除处罚。除此以外，刑法还设置了缓刑、减刑与假释等制度，这都是我国刑法尊重和保障人权的重要体现。

附录一

相关法律

我国目前虽还没出台光污染防治环境方面的专门法律。但在《中华人民共和国宪法》《中华人民共和国物权法》《中华人民共和国环境保护法》《中华人民共和国侵权责任法》等法律中有些相关规定，是解决光污染纠纷的法律依据。

1.《中华人民共和国宪法》

第二十六条　国家保护和改善生活环境和生态环境，防治污染和其他公害。

国家组织和鼓励植树造林，保护林木。

2.《中华人民共和国物权法》

第八十九条　建造建筑物，不得违反国家有关工程建设标准，妨碍相邻建筑物的通风、采光和日照。

第九十条　不动产权利人不得违反国家规定弃置固体废物，排放大气污染物、水污染物、噪声、光、电磁波辐射等有害物质。

3.《中华人民共和国环境保护法》

第二条　本法所称环境，是指影响人类生存和发展的各种天然的和经过人工改造的自然因素的总体，包括大气、水、海洋、土地、矿藏、森林、草原、湿地、野生生物、自然遗迹、人文遗迹、自然保护区、风景名胜区、城市和乡村等。

第四十二条　排放污染物的企业事业单位和其他生产经营者，应当采取措施，防治在生产建设或者其他活动中产生的废气、废水、废渣、医疗废物、粉尘、恶臭气体、放射性物质以及噪声、振动、光辐射、电磁辐射等对环境的污染和危害。

排放污染物的企业事业单位，应当建立环境保护责任制度，明确单位负责人和相关人员的责任。

重点排污单位应当按照国家有关规定和监测规范安装使用监测设备，保证监测设备正常运行，保存原始监测记录。

严禁通过暗管、渗井、渗坑、灌注或者篡改、伪造监测数据，或者不正常运行防治污染设施等逃避监管的方式违法排放污染物。

附录二

"生态环境保护健康维权普法丛书"
支持单位和个人

张国林　北京博大环球创业投资有限公司　董事长

李爱民　中国风险投资有限公司　济南建华投资管理有限公司　合伙人
　　　　总经理

杨曦沦　中国科技信息杂志社　社长

汤为人　杭州科润超纤有限公司　董事长

刘景发　广州奇雅丝纺织品有限公司　总经理

赵　蔡　阆中诚舵生态农业发展有限公司　董事长

王　磊　天津昊睿房地产经纪有限公司　总经理

武　力　中国秦文研究会　秘书长

钟红亮　首都医科大学附属北京朝阳医院　神经外科主治医师

李泽君　深圳市九九九国际贸易有限公司　总经理

齐　南　北京蓝海在线营销顾问有限公司　总经理

王九川　北京市京都律师事务所　律师　合伙人

朱永锐　北京市大成律师事务所　律师　高级合伙人

张占良　北京市仁丰律师事务所　律师　主任

王　贺　北京市兆亿律师事务所　律师

陈景秋　《中国知识产权报·专利周刊》　副主编　记者

赵胜彪　北京君好法律咨询有限公司　执行董事 / 总法律顾问

赵培琳　北京易子微科技有限公司　创始人

附录三

"生态环境保护健康维权普法丛书"宣讲团队

　　北京君好法律顾问团，简称君好顾问团，北京君好法律咨询有限责任公司组织协调，成员包括中国政法大学、北京大学、清华大学的部分专家学者，多家律师事务所的律师，企业法律顾问等专业人士。顾问团成员各有所长，有的擅长理论教学、专家论证；有的熟悉实务操作、代理案件；有的专职于非诉讼业务，做庭外顾问；有的从事法律风险管理，防患于未然。顾问团成员也参与普法宣传等社会公益活动。

一、顾问团主要业务

　　1. 专家论证会

　　组织、协调、聘请相关领域的法学专家、学者，针对行政、经济、民商、刑事方面的理论和实务问题，举办专家论证会，形成专家论证意见，帮助客户解决疑难法律问题。

　　2. 法律风险管理

　　针对客户经营过程中可能或已经产生的不利法律后果，从管理的角度提出建议和解决方案，避免或减少行政、经济、民商甚至刑事方面不利法律后果的发生。

　　3. 企业法律文化培训

　　企业法律文化是指与企业经营管理活动相关的法律意识、法律思维、行为模式、企业内部组织、管理制度等法律文化要素的总和。通过讲座等方式学习企业法律文化，有利于企业的健康有序发展。

4. 投资融资服务

针对客户的投融资需求，协调促成投融资合作，包括债权股权投融资，为债权股权投融资项目提供相关服务和延伸支持等。

5. 形象宣传

通过公益活动、知识竞赛、举办普法讲座等方式，向受众传送客户的文化、理念、外部形象、内在实力等信息，进一步提高社会影响力，扩大产品或服务的知名度。

6. 市场推广

市场推广是指为扩大客户产品、服务的市场份额，提高产品的销量和知名度，将有关产品或服务的信息传递给目标客户，促使目标客户的购买动机转化为实际交易行为而采取的一系列措施，如举办与产品相关的普法讲座、组织品鉴会等。

7. 其他相关业务

二、顾问团部分成员简介

王灿发：联合国环境署－中国政法大学环境法研究基地主任，国家生态环境保护专家委员会委员，生态环境保护部法律顾问。有"中国环境科学学会优秀科技工作者"的殊荣。现为中国政法大学教授，博士生导师，中国政法大学环境资源法研究和服务中心主任，北京环助律师事务所律师。

孙毅：高级律师，北京市公衡律师事务所名誉主任，擅长刑事辩护、公司法律、民事诉讼等业务。

朱永锐：北京市大成律师事务所高级合伙人，主要从事涉外法律业务。业务领域包括国际投融资、国际商务、企业并购、国际金融、知识产权、国际商务诉讼与仲裁、金融与公司犯罪。

崔师振：北京卓海律师事务所合伙人，北京律师协会风险投资和私募股权专业委员会委员，擅长企业股权架构设计和连锁企业法律服务，包括合伙人股权架构设计、员工股权激励方案设计和企业股权融资法律风险防范。

侯登华：北京科技大学文法学院法律系主任、教授、硕士研究生导师、法学博士、律师，主要研究领域是仲裁法学、诉讼法学、劳动法学。

陈健：中国政法大学民商经济法学院知识产权教研室副教授、法学博士。北京仲裁委员会仲裁员、英国皇家御准仲裁员协会会员。研究领域：民法、知识产权法、电子商务法。

李冰：女，北京市维泰律师事务所律师，擅长婚姻家庭纠纷，经济纠纷及公司等业务。

袁海英：河北大学政法学院副教授、硕士研究生导师，河北省知识产权研究会秘书长，主要从事知识产权法、国际经济法教学科研工作。

汤海清：哈尔滨师范大学法学院副教授、法学博士，北京大成（哈尔滨）律师事务所兼职律师，主要从事宪法与行政法、刑法的教学工作。

徐玉环：女，北京市公衡律师事务所律师，主要从事公司法律事务。业务领域包括建设工程相关法律事务、民事诉讼与仲裁。

张雁春：北京市公衡律师事务所律师，主要从事公司法律事务，擅长公司诉讼及非诉案件。

张占良：民商法学硕士，律师，北京市仁丰律师事务所主任，北京市物权法研究会理事。主要办理外商投资、企业收购兼并、房地产法律业务。

赵胜彪：法学学士，北京君好法律咨询有限公司执行董事／总法律顾问，君好法律顾问团、君好投融资顾问团协调人／主任，中国科技信息杂志法律顾问。主要从事企业经营过程中法律风险管理的实务、培训及研究工作。

三、顾问团联系方式：

办公地址：北京市朝阳区东土城路 6 号金泰腾达写字楼 B 座 507

联系方式：13501362256（微信号）

lawyersbz@163.com（邮箱）